思维故事

掌控人生剧本

黄征宇 著

中国大百科全书出版社

北京市版权登记号：图字 01－2019－5398

图书在版编目（CIP）数据

思维故事：掌控人生剧本 /（美）黄征宇著. —北京：中国大百科全书出版社，2019.11

ISBN 978－7－5202－0557－3

Ⅰ. ①思… Ⅱ. ①黄… Ⅲ. ①人生哲学—通俗读物 Ⅳ. ① B821－49

中国版本图书馆CIP数据核字（2019）第193207号

作　　者　［美］黄征宇

社　　长　刘国辉
策　　划　刘　嘉
特约编辑　姜海涛
责任编辑　陈　光　刘　嘉
责任印制　邹景峰
装帧设计　**奇文雲海 Chival IDEA**
出版发行　中国大百科全书出版社
地　　址　北京阜成门北大街 17 号
邮　　编　100037
网　　址　http://www.ecph.com.cn
印　　刷　北京君升印刷有限公司
开　　本　710 毫米 × 1000 毫米　1/16
字　　数　170 千字
印　　张　20
版　　次　2019 年 11 月第 1 版
印　　次　2019 年 11 月第 2 次印刷
定　　价　59.00 元

目录

第三章　幸福

第四章　成功

序

一

这世上唯一不变的就是“变化”，更何况我们生活的时代变化得如此之快。如何在万变中找到自己的应变之策和成长之道，以沉静之心面对这个日益纷繁复杂的世界，这是每个人都要认真思考的问题。

“天行健，君子以自强不息。”一个人如果希望一生有所成就，就必须“终身学习”，这是我在上一本书《终身学习：哈佛毕业后的六堂课》中所提倡和探讨的主题。

大多数人认为“终身学习”指的是学习新的知识，比如学习新的语言、新的技巧、新的方法等。其实，“终身学习”还有另一个维度，就是认识自己，修炼自己，改变自己的思维故事，让自己变得更完整、更强大，成就智慧的自己。本书的目的，就是进一步挖掘和探讨“思维故事”这个概念，帮助我们成就智慧的自己。

我们每天都忙忙碌碌，很多时候根本没有意识到，在自己的观点、想法、习惯和行动背后，存在着一个思维故事。这个故事就是我们怎么看待自己，怎么看待他人和环境，怎么看待这个世界。当我们看到、听到、尝到、闻到、触到和想到一件事（或一样东西）时，脑子里马上就会产生某种反应，这些反应便是一个个思维故事的产物。这些思维故事里有很实际的部分，也有些部分是我们自己加以联想和补充的。于是，不同的人有不同的思维故事，面对同样一件事有不同的反应，也就有了不同的行动和结果，因而有了不同的人生。

本书之所以使用“思维故事”这个词，有两个原因。

第一，思维是主观的。“客观”非常重要，但“主观”无法逃避。我们都生活在客观世界，当客观世界里发生一件事，我们是通过自己的五官接收、分析外界信息，形成主观世界里的现实。这个过程很有意思，再客观的事，我们也是用主观“思维”来书写自己的故事。

第二，主观是可以改变的。故事是人创造的，可以借鉴，可以阅读，也可以修改。主观世界里没有永恒不变的东西，只要我们愿意，什么都可以改变。每个人都可以看作是一个个思维故事的结合，如果凭自己的意愿改写了思维故事，人就可以改变。

二

为什么改写思维故事这么重要？

探讨这点之前，先了解一个科学原理——“启发模式”（Heuristics）。在漫长的进化史中，人类演化出一些本能的直觉和反应，即“不假思索”，比如“3F”，即“搏斗”（Fight）、“僵持”（Freeze）、“逃跑”（Flight）。这些本能和直觉帮助人脑“节能”，人类可以用尽可能少的能量，做出最快速的反应，尤其是在危急时刻。

但是，在人类构建了复杂的社会关系之后，仅仅依靠本能和直觉是远远不够的，于是启发模式随之升级，产生了这些思维故事，帮助我们在面对复杂问题时依然能做出快速的反应。例如，在思考去哪个餐厅吃饭时，会想到“人多的总没错”；在选择礼物时，会认为“贵的才是拿得出手的”……听上去各有道理，且屡试不爽。但英语里有一句谚语，What got you here，might not get you there，意思是让你到达这里的方法，未必能带你到下一处。所以，想要超越自己，解决困惑已久的问题，不被过去的经验所迷惑拖累，就要学会改写自己的思维故事。

三

思维故事的形成原因有很多，一些是源于父母，朝夕相处，耳濡目染；也有一些是来自同学、好友；还有一些来自社会，不管是政府、领导、同事、客户，还是竞争对手、合作伙伴，又或者是其他人，都在不断地影响着我们。久而久之，潜移默化，这些内容都可能形成我们的思维故事。举个简单的例子。封建社会延续了数千年，对人类的影响是巨大的，给人们灌输了一个根深蒂固的思维故事：你出生在哪个阶层，就应该待在哪个阶层。你生在农民家庭，那就要接受命运，一辈子做农民，你不应该有非分之想，这是封建社会给你塑造的思维故事，你得接受，不要试图改变。同样，如果你是王公贵族，生下来就注定高人一等，就要明白自己有义务做领袖，去拥有、统领和管理属于你的一切，不管是国家、领土，还是臣民、资源。到了现代社会，思维故事换成了：你可以成为任何你想成为的人。这和几千年来的版本有着天壤之别，但我们在这里不是去探讨哪个是对的，哪个是错的，我们只说："这些都是社会给你的思维故事。"

时代、社会和国家给予我们的故事素材大同小异，具体到个体就千变万化了，每个人的身体、样貌、家庭、教育、经历都不一样。就算这些故事素材完全一样，但因为分析解释这些素材是由各自主观决定的，如何构造和发展也源于各自的内心，所以每个人自然就会有不同的思维故事，有正能量的、积极的，也有负能量的、消极的。我们完全可以看到它们之间的区别，就像每个人小时候都会有自己的梦想，积极的思维故事往往可以给你积极的情绪，有更多动力达成自己的目标，而消极的思维故事往往相反。

思维故事就是这样形成的，也在形成中产生了种种差别，对我们造成了各种各样的影响。

第一章

父母

引文 源于人之初的思维故事

在哈佛商学院读书时，我和最要好的朋友丹尼尔去东加勒比海的岛国巴巴多斯度假。当时，波士顿已经进入寒冬，天气非常阴冷，大雪连续下了几周。我生着病，上飞机时裹了厚厚的五层衣服。当飞到巴巴多斯上空的时候，我从窗口向外望去，发现下面竟然是一派炎炎盛夏的景象，万里晴空，一片湛蓝，与蔚蓝的海水连成了一片，让人感觉仿佛穿越到了另一个世界。

下了飞机，我将裹在身上的衣服一层层脱掉，身体好像突然痊愈了一样，整个人非常轻松。抵达酒店，已近傍晚，我刚放好行李，就听到外面有人在兴奋地喊："快来看啊！"我有点好奇，马上跑了出去。酒店外面是一整片海滩，这时太阳刚刚下山，又逢圆月初升，大海泛着粼粼波光，照亮了整片沙滩。

之前大叫的人一边朝我招手示意，一边指着前方沙滩上正隐隐蠕动着的物体。我走上前一看，原来那里散落着几十个海龟蛋，其中不少已经破壳，小海龟正从蛋里爬出来。这些小家伙刚一着地，绝大多数连眼睛都还没完全睁开，就拼命挣扎着摇摇摆摆地爬向大海。逐渐地，破壳而出的小海龟越来越多，如同一股股小溪，不断汇向大海……即使过了这么多年，我依然清晰地记得这一幕，那是生命萌芽的绚烂一刻，那是澎湃而出的成长动力，那是天地万物的碰撞融合。我感受到无比的平静和满满的活力。

电视节目《动物世界》里经常出现这样的场景：在非洲大草原上，一只小斑马来到世界的第一件事，就是必须在最短时间内学会走路和奔跑。新生的小斑马扭动着身体，踉踉跄跄地尽量跟上斑马群的步伐，只有这样，才能在凶猛的肉食动物攻击下幸免于难。

散布在海滩上的小海龟也是如此，它们可能一辈子都没有机会见到自己的父母，更不要说被悉心照料，一睁开眼便要自己独立面对这个世界。它们的上空很可能就盘旋着不时扑击而下的鸟类，海水中也徘徊着大大小小各种捕猎者，真正能躲入大海怀抱的小海龟数量极少。

那么，人类呢？

答案很明显。从生物学的角度来看，人类在成年之前真的是非常脆弱，在生命初期，人类适应世界的能力和速度远逊于其他动物。尤其在婴幼儿时期，如果缺乏照顾和帮助，一定很难存活。为什么作为高等生物的人类会出现这样的情况？一个很重要的原因是：我们的大脑需要足够的时间充分发育。

在生物学上，人类的大脑可分为爬行动物脑和智人脑两部分，它们相对独立，又通过神经纤维彼此相连，相互影响，分别对应人体的不同反应功能。

爬行动物脑负责人类的基本生存功能，如呼吸、心跳、新陈代谢，以及最基本的、生下来就具备的反应和行为。它连通着一个重要部分——杏仁体，后者直接关联着神经系统，掌控着人类的情绪，能使人类做出最快速的判断和反应，也就是“不假思索”和“情不自禁”。

智人脑是人脑进化到最高等级的产物，掌控着人类的逻辑思维和认知功能，包括语言、思想、知觉和创造力等。这一进化非常重要。人类不像海龟破壳出生就能爬行，也没有其回归大海的天然方

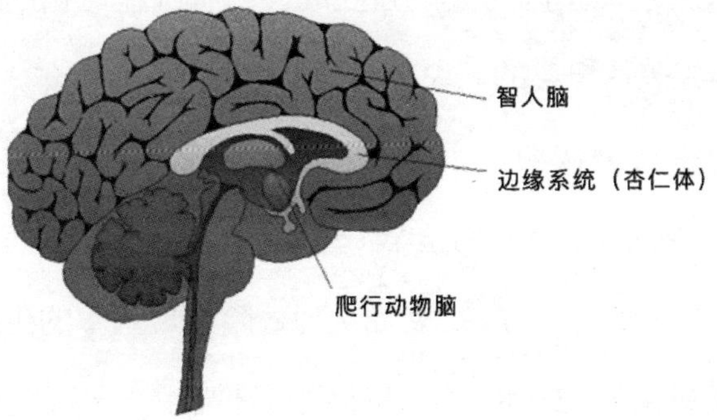

向感，既不能像老鹰那样飞翔，更没有猎豹的奔跑速度，却最终能成为食物链的顶端生物，就是因为能创造和使用工具，能运用语言和团队协作——这些都要归功于智人脑。很显然，如此复杂的大脑一定需要更多时间来发育。

2018年，我的侄子出生了。他的母亲，也就是我表妹，历经整整二十二个小时的痛苦分娩，终于生下了她的第二个孩子。当我赶到医院时，这个浑身红彤彤的小婴儿已经被裹入襁褓，躺在母亲身边。他连眼睛还没完全睁开，就先咧开嘴，大声地哭了起来。

哭，可以说是人类在刚出生时为数不多的重要生存技能之一。试想一下，如果你将一个婴儿放在野外，他是无法靠自己存活下去的。婴儿既不会走路，也不会觅食，更不会寻找安全的藏身之所，完完全全抵御不了自然界的任何冲击。在这一点上，人类和其他动物有着很大区别。正因为无法独立成长，所以在最初的时候，我们只能用哭声来表达自己的需求，寻求父母或者其他成年人的帮助。

心理学家普遍认为，儿童缺乏足够的爱，就会产生不安全感。美国著名社会心理学家亚伯拉罕·马斯洛是第三代心理学的开创者，被称为“人本主义心理学家”。他认为，除去最基本的生理需求，安全感是人类最需要的一种生存需求和精神需求，是决定心理健康最

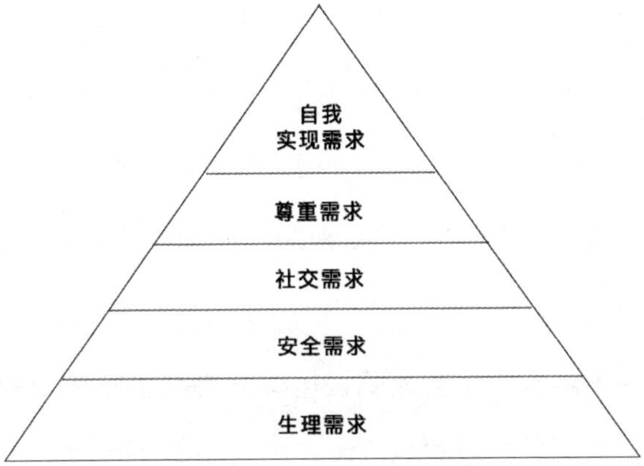

重要的因素，拥有安全感，人类才能放心地寻求其他。还有心理学家认为，寻求安全感可能是人类数百万年逐步进化而来的一种本能。

从出生到死亡，每个人都在不停地寻求爱，寻找安全感，由此还演变出了许多不同的细分需求，例如对父母的、对朋友的、对伴侣的、对子女的……如果没有人给他爱，满足他的需求，那他就会非常无助。

在源自童年的对安全感的需求，以及成长过程中种种经历的影响下，每个人都形成了属于自己最深层次的思维故事，而这些思维故事几乎决定着每个人未来的人生轨迹。

什么是思维故事？

正如前文所提到的，人类之所以能位居食物链顶端，要归功于智人脑。但智人脑有两大缺陷：第一，反应速度慢；第二，非常消耗能量。这个不到人体重量 2% 的器官，竟然要消耗人体近 20% 的能量。所以，人类真正使用智人脑的时间其实并不多。更多情况下，为了“环保节能”和“快速应变”，启发模式会代替智人脑执行各种任务。这样，不用或少用智人脑，也能解决很多日常问题。

启发模式导致人类有两类反应：先天反应和后天反应。

先天反应就是我们常说的直觉，指人类应对危险时的本能反应。比如，一只猛兽向你狂奔而来，你根本不用思考，要么掉头跑掉，要么僵立不动，要么奋勇搏斗，这就是人类逐渐进化而来的本能。绝大多数的研究都专注于我们共有的先天反应，如认知偏差：包括确认偏差、可用性偏差、注意力偏差、行动者 / 观察者偏差、锚定偏差等。但不管是什么研究，都无法确保所有测试对象同时持有同样的先天反应。这是因为在更高的抽象层面上，我们每个人都有自己的后天反应，我们自己的启发模式。

在外部客观事物和人的主观判断两者综合影响下所形成的对某类事情的基本反应，就是后天反应，我们可以形象地称之为思维故事。思维故事产生之后，会深植于脑海，今后只要遇到类似事件，就会“越过”智人脑，直接产生反应，既节能又高效。

比如中国人常说的“一朝被蛇咬，十年怕井绳”，就是典型的思维故事造成的后天反应。当一个人被蛇咬了一口，他内心的判断是：蛇太让人害怕了！于是，以后再看到蛇，或者类似蛇形的事物，脑中的思维故事便会让他即刻做出反应。但是，即便经历相似，每个人的思维故事却未必一致，因为每个人的主观判断不同。比如，另外一个人也被蛇咬了一口，他的主观判断可能就是：这次只是我不小心，是我自己的错，没什么好担心害怕的。所以，这个人也就不会形成类似前面那个人的思维故事。

现在，我们被蛇咬到的机会很小，但有其他类似的案例。例如电梯突然出现故障，导致人员被困，尤其孤身一人被关在黑暗的电梯内好几个小时的情况下，这种体验很容易让当事人产生焦虑或害怕的情绪反应。有一些人被解救出来后，从此对幽闭空间产生了很大的恐惧，此后就不愿意乘坐电梯了。也有一些人虽然受了一定的惊吓，但没有形成类似前者的思维故事，在事后一如既往地乘坐电梯。因为他们的主观判断可能是：电梯被困和乘火车飞机出事故一样，都有个概率，况且只是小概率事件而已。就算发生了，是福不是祸，是祸躲不过，没什么好过分担心的。

从某种程度上来说，正是无数个思维故事的累积，形成了每个人的性格。

很多中国人都知道一句俗话，叫“三岁看大，七岁看老”，绝大多数思维故事形成于童年时代，对我们整个人生都产生了深远的影响。比如，大人会告诫孩子要警惕陌生人，所谓“害人之心不可有，防人之心不可无”。有些孩子接受了这个说法，产生出自己的思维故事，“遇到陌生人要尽量保持距离，这会让我安全”。著名心理学家卡尔·荣格就曾经提到：一个人毕其一生的努力，就是在整合他自童年时代起已形成的性格。

在童年阶段，第一个给予我们爱的人，毫无疑问是父母；和我们关系最为亲密的，毫无疑问也是父母。即使因为种种原因，亲生父母不在身边，也会有类似父母的长辈来扮演这个角色，直到我们成长至可以独立生活。

那么，我们和父母的关系是什么样的呢？父母又会对我们的思维故事产生怎样的影响呢？

第1部分

我们和父母之间到底怎么了

第1节　我们都有坏唱片

我有一位女性朋友，事业非常成功，年届四十仍是单身。某次聊天，我问她想不想有家庭，想不想有孩子，她摇摇头回答说："想！但是我太忙，有太多事等着我去做。我不知道有了家庭和孩子之后，还能不能在事业上继续发展。这个问题对我来说很重要！"有趣的是，几分钟之后她又笑着补充说："当然，我也有一些女性朋友，她们既有孩子，也把事业打理得很出色。不过，可能我做不到吧，因为我太忙了！"

我就接着问道："你能不能再深入思考一下？忙虽然是一个原

因，但你也不会是全世界最忙的人。而且你自己也说了，身边就有很多人做到两者兼顾。所以，真正的原因到底是什么呢？”

她闻言低下了头，突然沉默了好一会儿，有些茫然地说：“我不知道。”

我说：“也许你现在并不知道答案。但仔细想想，为什么同样的问题，别人可以突破解决，你却不可以？仅仅因为太忙？其实你非常能干，这不是你解决不了的问题。”

她再次陷入沉默，过了几分钟之后，抬起头说：“我想，可能是因为我很怕受伤。我父母关系很糟糕，我小时候总看到他们吵架，互相伤害。我害怕走入婚姻，我担心像他们一样，受到别人的伤害。”

是的，每个人和自己的父母，和原生家庭之间都有着密不可分的联系。尤其在童年的时候，父母对我们施加的影响是极其深远和重大的。我的这位女性朋友说到的“担心”和“害怕”，是在她脑海里经常出现的感受。美国人常常会提到一个词，叫“坏唱片”，意思是保持同样的想法，说着同样的话，重复同样的内容，不断循环往复。

我也有这样的坏唱片。在我 13 岁时，父亲去世，是母亲一直在照顾我。她非常爱我，无论遇到任何问题，总会先考虑到我。但我与她的每一次对话，却几乎都会陷入同一种模式。往往说着说着，我的声音就变大，情绪也变得急躁，甚至有点像吵架。

更令我耿耿于怀的是，每当我做出些成绩，很开心地想和她分享时，她却从不给我任何称赞或肯定。我觉得特别遗憾。要知道，我和她分享这么多，就是希望她能够表扬我，能够以我为骄傲，可她偏偏就是没有。

现在我早就长大了，也有了自己的事业。可是，每当谈到我的工作，母亲还是跟以前一样，告诉我有些事应该做得更好。而我的坏唱片也跟着再次响起——她又在数落我，然后我反驳道："我早就不是小孩子了，你不要再管我，也别老唠叨啦，我可以自己做主的。"

一般在这种情景下，父母往往会说："你再大也是我的孩子，只要是我的孩子，我就应该关心你。"可在我看来，每当母亲这样说，我就会认为自己还不够优秀，还有不足。

类似的故事几乎在每个人身上都发生过。仔细想想，这背后的原因其实还是来自于安全感的缺失。

每个人从生命之初，就开始不断寻求帮助和建立安全感，围绕安全感建立起一系列的思维故事。你还不会说话时，会用哭声向外传递自己的各种诉求。你会发现，一旦啼哭就能得到回应。于是，你建立了一个思维故事：哭能让别人满足我的需求，使我有安全感。长大一些后，你对这个未知世界的探索越来越多，迈出的每一步，做的每一件事，都需要父母的指引和肯定，并从中获得安全感。于是，你又建立了一系列思维故事。当你能独立生活之后，其实已经不需要其他人再给你提供安全感了，但由于小时候形成的思维故事已经根深蒂固，让你仍然容易深陷其中，不自觉地依然向外界索取安全感，例如用吵闹或者寻求别人的肯定等方法来获得安全感。这就是造成不完整人生的根本原因。

那真正完整的人是怎样的呢？应该是具备爱自己的能力，也有爱他人的能力。即使得不到外界的回应，内心仍然可以充满爱，充满安全感。

表面上，我是想得到母亲更多的认可、更多的爱，但其实是想获得更多的安全感。母亲吝于表扬只是导火索，炸弹却埋在我的内心，自身的不完整才是深层的根本原因。我十岁远离家乡，踏入一个完全陌生的国家，十三岁失去父亲。从那时开始，我就告诉自己："只有做得比别人更好，只有获得他人的肯定，才会得到安全感、归属感和成就感。"

客观来看，我早已成年，不需要再通过别人的表扬来肯定自己，但我仍然很渴望得到母亲的肯定。我的思维故事告诉我，只有获得称赞，才能真正确定自己是成功的。没有这一步，总是感觉缺了点什么。

正因如此，我一次又一次地陷入了坏唱片。只要思维故事不变，这类事情就会不断发生。

第 2 节　为什么我们喜欢埋怨父母

我听过太多人讲述他们和父母之间的冲突，双方总是讲不了几句话就会产生负面情绪。

曾经不止一个女性朋友向我抱怨说，每次回家，父母总是追问她“有没有男朋友”“到底什么时候结婚”。她好几次想心平气和地和父母深度交流这个问题，希望能够得到他们的理解，但总是没说几句就不欢而散。久而久之，她开始逃避，每次父母一提起这个话题，她就找个借口躲出去。

为什么父母是最容易触发我们坏唱片的人？因为我们内心这些不完整的思维故事大多来自于童年，或多或少都受到了父母的影响。

美国第三十六任总统林登·约翰逊（1908—1973）是历届美国总统里被调查得最为详尽的一位。虽然他已经去世多年，但很多相关人士仍然活着。他在白宫时录下的所有电话通信，现已公布于世。美国著名传记作家罗伯特・卡罗花了四十多年时间，采访了大量与林登・约翰逊相关的人物，发掘了很多一手资料，将这位总统的方方面面尽可能真实地还原了出来，其中就包括了他和父亲的故事。

林登・约翰逊出生于得克萨斯州一个很穷困的县，家族里好几代人都在那里居住并且参与当地的政治活动。他的祖父曾担任过州众议员，父亲山姆・约翰逊也曾经当选过州众议员，在当地有一定的影响力。很小的时候，林登・约翰逊就被父亲带着去州众议院开会，从那时起，他就爱上了政治。

林登・约翰逊的一个肢体语言为世人熟知。每当他跟人交谈时，总会把手臂搭在对方肩上，或直接用手抓着对方的胳膊或领子，然后将脸贴得很近，以示友好。这个标志性动作正是来自于他父亲山姆・约翰逊。很多接触过他父亲的人会说，林登・约翰逊这个招牌动作和他父亲一模一样。

山姆・约翰逊是当地农场主，但好景不长，由于在农地投资上的一次失误，从富裕的农场主变成了一无所有的人，甚至还背上了一辈子都不可能还清的巨额债务。令身为长子的林登・约翰逊印象深刻的是，每当他到镇上的小店赊账买东西的时候，老板总是会对别人说："你看，这是山姆·约翰逊的儿子。他和他爸爸一样，以后也不会有什么出息。"

正是因为这样的童年经历，让他形成了两个非常鲜明的性格特点：第一，非常害怕失败；第二，渴望获得认可和爱戴。

虽然非常害怕失败，但也正是因为这一点，让林登·约翰逊不断进取，拼命工作。他第一次参加国会选举时才28岁，当时为了拉到更多的选票，几乎跑遍了整个选区，瘦了30多磅，以致在正式选举前的几天，不得不住进了医院。为了得到尽可能多的选票，他还做了很多的创新。我们现在看到总统候选人竞选时常常会坐着直升机到各地拉选票，这种拉票方式最初就是林登·约翰逊开创的。

林登·约翰逊得以成为总统，属于比较特殊的情况。他是在时任总统约翰·肯尼迪被刺杀之后，从副总统的位置上临危继任的。美国相关法案规定，总统一旦被刺杀，第一顺位继任者就是副总统。

事实上，林登·约翰逊在之前的竞选中就完全有机会战胜约翰·肯尼迪。当时约翰·肯尼迪只是一名民主党参议员，而林登·约翰逊则是参议院民主党领袖。他的支持者都希望他尽快出来参与竞选，但正是出于害怕失败的个性，他始终犹豫不决，一拖再拖。而约翰·肯尼迪却很好地利用了这段时间，拉到很多的选票。

等到林登·约翰逊终于下定决心参选，约翰·肯尼迪已经攻城拔寨，获得了绝大多数党内领袖的支持。在此之后，约翰·肯尼迪为了获得更多来自南方选民的支持，邀请林登·约翰逊做竞选伙伴，最后就任副总统。

试想一下，如果他早下决断，那非常有可能在竞选初期就击败约翰·肯尼迪，成为民主党的总统候选人。

林登·约翰逊第二个非常鲜明的性格特点是，渴望获得认可和爱戴，但又不相信别人会真正爱他。毫无疑问，这一点也源于童年的经历，他亲身感受到自己的父亲从受人爱戴到被人唾弃的巨大反差。

你总能看到林登·约翰逊在公众面前富有亲和力的一面，他能叫出很多人的名字，以及说出他们来自哪里，喜欢什么，有哪些家人，等等。他也会拉住你的手，搂着你，很亲切地和你交谈，仿佛一家人那样。但私下里，他其实是一个淡漠和自私的人，会毫不留情地丢弃那些没有利用价值的人。对他来说，没有一个人是真正值得信任的。

在约翰·肯尼迪被刺杀之后，林登·约翰逊临危受命继任总统，在此后的一年里，他通过了很多法案。当时舆论普遍认为，他的声望达到了最顶点，当时在美国政坛有一句话就是“就算上帝和他竞争，都未必能赢得了”。然而，就在形势一片大好、即将获得党内提名时，他还在白宫犹豫是否要退出竞选。为什么他会如此消极？正是因为他极度害怕失败和渴望获得爱戴的性格因素所导致的。这一切都源自他童年时代的家庭变故，以及从而产生的思维故事。

林登·约翰逊的童年时代有一个很大的转变。在家庭遭遇重大变故之后，他和父亲的关系也彻底改变了。在此之前，他非常喜欢模仿父亲的一言一行，而在此之后，他变得非常倔强，从内心里是埋怨父亲的，以至于父亲无论提出任何建议，他都会反对。

绝大多数人都脱离不了父母带来的影响，甚至像林登·约翰逊这样已经坐上总统宝座的“成功人士”，仍然无法改变在童年时代形成的思维故事。

绝大多数思维故事都有正负两面。思维故事的建立是为了自我保护，以及建立必要的安全感，让我们获得已有的成功。然而，不得不承认，思维故事也的确会使我们受到局限。林登·约翰逊的思维故事（怕失败，要努力）将他推到事业顶峰，同样，他的思维故事（怕失败，不信任他人）也限制了他，一直延续到他生命的终点。

然而，难道我们都得像林登·约翰逊那样刻意回避父亲？都得一棒子把思维故事归咎到父母头上吗？一切都是父母造成的吗？父母到底给予了我们什么？更重要的是，我们自己应该怎么看待自己，看待父母，看待我们彼此之间的关系？

第 3 节　父母怎么影响我们

众所周知，人类的成长会受到先天因素和后天因素的影响。所谓先天因素，指的是基因遗传，也就是从先辈那里遗传下来的生理上的特点，例如内在基因、样貌、身高、形态等。先天因素是人类身心发展的物质基础和自然条件。而后天因素，则是指环境在人类出生后带来的一系列影响，包括自然环境、家庭环境、社会环境、教育环境等。英文里会把这两者分别称为“自然天性”和“孕育培养”。

就像世界上没有完全相同的两片树叶那样，人的先天基因也是独一无二的。双胞胎的外貌再相似，也还是会有细微的差别，后天形成的性格差异可能就更大了。

先天因素是生来就已经决定了的，作为孩子的我们不能挑选父母，不能决定基因，所以我们就需要更加重视后天因素了。

人类从出生到成人一般需要十几年时间。在西方，人们常常会说：“我只负责抚养我的孩子到 18 岁，之后他就应该独立生活。”在东方，很多家长却相反，甚至认为自己有义务一辈子照顾自己的孩子，所谓“养儿一百岁，常忧九十九”。无论是18岁还是100岁，有一点是非常确定的，绝大多数人必须在相当长的一段时间内和父母生活在一起。父母必然会对孩子的后天因素做出重大的贡献，也就是思维故事产生的重要影响。

那么，具体是怎么影响的呢？

第一，父母给予的爱会影响孩子的安全感。

如果一个孩子生活在充满爱的家庭，父母受过良好的教育，懂得如何正面、积极地引导和关爱子女，那么他会相对更具有安全感，他的人格也会更大概率趋向完整和健康，能与别人建立起信任的人际关系，甚至还能主动付出爱。相反，如果他生活在缺乏爱的家庭，总是担心自己会被父母责备，或无缘无故挨打，长大以后就容易没有安全感，孤独、嫉妒、傲慢甚至产生仇恨，当然，也缺乏爱别人的能力。

第二，父母输出的教诲会影响孩子的思维。

我们常常听到父母对孩子说：“你自己要努力，不能靠别人！”“任何人都不能相信，只能相信自己。”“你有义务帮助比你差的人。”这些来自父母的教诲，其实是父母内心价值观以语言形式的一种输出。想想看，孩子和父母在一起生活一般长达十多年，那么长时间的言语熏陶，毫无疑问将会影响孩子的思维故事。

第三，父母本身的行为会被孩子模仿。

还记得林登·约翰逊的案例吗？孩子的模仿能力非常强，他们总是不知疲倦地探索自己周围的环境，模仿自己看到的行为，对任何事都有尝试和操作的兴趣。所以，长期的耳濡目染，父母的日常行为会在孩子身上有所延续。

父母对孩子的影响无处不在，甚至无时无刻。即使我们长大成人，影响也仍在继续。很多父母还会觉得成年子女依然是个孩子，千叮咛万嘱咐，有焦虑，也有责备。而我们最初像一张白纸那样，接受着父母输出的影响，长大后当我们发现我们的不足，也很容易习惯性地埋怨父母。如果这样一直发展下去，我们很难走出这个循环，没办法成为一个更完整的人，和父母的关系也会很糟糕。更重要的是，这些坏唱片不只存在于我们和父母之间，也会直接影响我们所有的关系。

事情真的就只能这样吗？

第 2 部分

谁在决定
我们的完整

第 1 节　谁在决定那些选择

等一等，其实我们可以选择！

上文提到，爱、有意识的言传和身教，是父母影响孩子思维的三种方式。有趣的是，同样的影响可以产生正关联效果，也可以产生反关联效果。例如，父母离婚的话，子女有些也可能会跟伴侣离婚，有些却能和爱人相伴到老；父母酗酒的话，有些子女同样嗜酒如命，有些子女却滴酒不沾。这到底是为什么？

美国励志演讲家、畅销书作家、白手起家的亿万富翁托尼·罗宾斯曾多次提起他的童年，并认为童年的经历给他的人生带来了至关重要的影响。托尼·罗宾斯来自一个破碎的家庭。他的母亲先后嫁给过四个男人。也就是说，小托尼曾有过4位父亲。罗宾斯是四位父亲中的一个，却并非小托尼的生父。在小托尼灰暗的童年里，唯一一个给过他安全感，给过他爱，给过他谆谆教诲的，就是这位罗宾斯，所以小托尼才选罗宾斯做了自己的姓。但不久，母亲也和他分手了。

如果托尼·罗宾斯能有一个温柔体贴的母亲，也算是颠沛流离的童年生活中一份小小的慰藉。可惜，祸不单行，托尼·罗宾斯的母亲是个非常“糟糕”的人，除了一天到晚换男朋友，酗酒贪杯，还对药物上瘾。更可怕的是，她还有暴力倾向，从小打骂托尼·罗宾斯，甚至虐待他。在情绪激动的时候，母亲会随手抓起身边任何一件东西，朝他扔过来，还会抓着他的头往墙上撞。有一次，母亲认为他在说谎，还把整瓶的洗洁精灌进他嘴里。所以，在很小的时候，托尼·罗宾斯就希望日后能有机会逃离这个地狱般的家庭，不要再受皮肉之苦。

或许我们会觉得，在如此糟糕环境中成长的人，长大后会更容易继承长辈的陋习，更容易暴躁，难以控制自己，最终一事无成。但托尼·罗宾斯却说，正是因为童年的经历，才让他深刻认识到，自己存在的价值在于帮助更多的人。他是所有兄弟姐妹里最大的一个，弟弟妹妹无法与母亲对抗，所以自己没有退路，一定要更快独立成熟，自力更生，学会察言观色，不停前进。

在孩子成长过程中，父母有其必然的关联性和很强的影响力。但说到底，是否真正接受这些思维故事还要看自己。如果你内心的思维故事是："我的父母这样对待我，有问题也是他们先有问题，我只是照葫芦画瓢。"那你心中就会有这么一个借口，把你的失败和不顺归咎到父母头上。你交出了对自己思维乃至人生的选择权。

我慢慢开始思考：为什么母亲总是不停唠叨一些我觉得无关紧要的东西？为什么她总是非常着急，一见面就追问我事情有没有处理好？一开始我以为是她不信任我，觉得我能力不够，还不能独当一面。但实际上，这只是我自己的思维故事。我发现，她也有她的思维故事，她的急性子并非只针对我。无论什么事，她总要在第一时间处理，否则就不能安心。于是，我就问她："为什么同样的问题，别人就可以慢慢做，而你就焦虑呢？我们如果坐下来好好分析的话，也能明白这些问题并不需要那么着急解决的。"母亲的回答是："我觉得，如果不能把问题都解决掉，就不应该停下来休息，就算硬要去休息，也不能真正安心。"

我理解了，母亲的这种急性子其实就是她已经形成的思维故事，目的就是想要获得安全感。只要有没做完的事，就觉得不安心。

我还多次问过母亲：“为什么你总是对我不满意，总是不表扬我？”

母亲却说：“没有不满意啊，我只是怕你骄傲。其实我非常以你为豪，但是我怕你骄傲了之后就不再进步了，所以我不想给你太多的鼓励，尽可能少表扬你。”

她的这个思维故事决定了她会用这种方式来和我沟通，不管我做到了什么，跟她说了什么，她听完即使觉得很满意，也不会给我表扬或鼓励。这个思维故事对我的影响其实很大，我也很少给别人鼓励，很少会对别人说“你这个做得太棒了！”“你做得非常好！”

我一直以为我容易和我母亲急，就是因为我母亲太啰唆，总是把我当小孩，所以我才会这样，这本来不是我的错。但当我后来仔细思考了这个问题，特别是做了情绪日记之后，我发现我的急性子不只是针对我的母亲，我在公司里也是急性子，对待朋友也是急性子，这已经成了我自己的思维定式。我让公司里的员工去做一些很重要的事，可能才过一天我就急了，我会想：“现在是什么状况，怎么还没给我反馈？”“是不是他忘记了？那我要催催他！”“是不是这件事没办好，他不敢跟我说？那我要问清楚了！”

这时我才意识到，这不是我母亲的问题，而是我的问题。如果想改变，最好是从我们之间的关系入手，如果我能改写自己的思维故事，拆解了内心的炸弹，导火线就失效了。如果她固有的思维故事不再能影响我，或者我可以有选择地接受影响，我就能真正找回自我，解决和所有人交流时的情绪问题。

我认识到我这个急性子的产生可能有不同的原因。一是我认为自己的时间很珍贵，不能被浪费，一旦同样的问题被问了好几遍，我就会不耐烦；二是我觉得别人不信任我，否则说一两次也就够了，哪用得着翻来覆去唠唠叨叨？

针对这两个原因，我是这么来改写我的思维故事的。首先，别人总是反复问我问题，会不会是因为我没有解释清楚？我应该更耐心、更仔细地解释。其次，别人未必是不信任我，也可能是关心我，或者认为问题很重要，才会这么经常问我。要不然，大家的时间都很宝贵，如果不是觉得我的问题需要关注，才不会花时间找我。

没错，所有人的思维故事最早都是跟父母的沟通互动当中所形成的，于是我也出现过这样的错觉，就是认为有些情绪只是我对我父母沟通互动时才产生。但其实不是，这些情绪会在不知不觉中出现在我和任何人的交流中，而且这些情绪背后的思维故事之所以产生，决定因素还是在我自己身上。

意识到这些，其实这个问题的答案也就浮出水面了。我们往往觉得要改变现状，就得去改变对方。对方改变了，我们也会相应改变。但在这个世界上，我们真正能改变的只有自己。更应该做的是了解自己的思维故事，调整心态，改写自己的思维故事，才能找回自己的选择权。

第2节　父母会以什么方式爱孩子

很多人仔细想想后，会觉得自己的确有选择权，但还是常常埋怨："我的父母并不爱我！"或"我的父母不懂得怎么爱孩子！"在探讨这个问题之前，不妨先重新考虑一下，父母对子女付出的爱，衡量的标准是什么？

事实上，我们可能很难在这个标准上取得共识。

首先，不同文化衍生出不同的标准。在美国人看来，父母在孩子18岁之前有抚养的义务，孩子在成年之后，就应该独立。甚至有些美国父母会说："就算你以后无家可归，也不要来找我。"在中国父母看来，这是非常不可思议的！别说只抚养孩子到18岁，很多中国人在退休后甚至还要帮自己的孩子照顾他们的下一代。但你能说美国父母不爱自己的孩子吗？

其次，不同的人会有不同的标准。有些父母觉得让孩子上普通公立学校就够了，而有些父母除了把孩子送去私立学校，还要给孩子报一大堆课外补习、培训和竞赛。孩子谈恋爱，有些父母觉得无所谓，有些父母却生怕孩子吃亏犯错，老是要管这管那。父母在财富、工作、关系、能力、认知等方面的差异，就会造成对孩子的爱的差异。

所以，或许更加合理的解释是——每一位父母都在用自己觉得最合适的方式来爱孩子！

这一点非常重要！只有这样，你才能真正理解父母和他们的决定，认识到你生下来就不缺乏爱。

在中国，有些地方重男轻女现象非常严重。难道父母不爱女孩吗？更合理的解释是，在他们的思维故事中，嫁出去的女儿就像泼出去的水，只要抚养她们成人，让她们好好嫁人就可以了。这是他们认为爱女儿的最好方式。再比如留守儿童，父母离乡背井，外出打工，孩子只能从小寄养在祖辈家里，难道父母不爱自己的孩子吗？也不是。在父母看来，必须得工作，必须得赚钱养家糊口，实在没有更多的时间和精力照顾孩子，那只能找最信得过的人来帮忙，这已经是父母能做的最好选择。有些父母会把婴儿放在孤儿院门口，她们并非不爱孩子，而是没能力抚养，权衡下来，把孩子送到孤儿院已经是最好的方法。

美国有一些吸毒的单亲母亲，她可能对孩子不闻不问，自己都没饭吃，更养不起孩子，只能交给别人养。诚然，这样的父母完全可以进步，应该做得更好，但在那一刻，他们认为自己已经做到了最好。至于从孩子的、社会的角度来看，这份爱到底合不合格，还有没有进步空间，那是另一回事。这就像跑步，你花了一个小时跑了 4 公里，自我感觉很不错，因为之前你根本就不跑步。但是，一旦和其他经常跑步的人相比，这完全不算什么。

对于父母付出的爱，我们有些人会指指点点，有些人会保留自己的评价，但谁都必须承认的是，他们付出了他们那一刻认为最好的爱。每一个父母都在尽自己觉得应该给到的爱，用自己所能做到的最好方式去爱自己的孩子。

归根到底，每个人只能以他能做到的最好方式去爱别人。

第3节 接受父母的不完整

我们从小可能会觉得父母是最伟大的，似乎无所不能，可以为孩子遮风挡雨，满足我们的种种心愿。长大之后才明白，父母一样有缺陷。他们的不完整也同样来源于自己的思维故事，来自于他们的家庭和他们的父母。父母也曾是孩子，也有童年经历，也在不断寻找安全感，不断建立自己的思维故事。现在，他们成为我们的父母，他们的思维故事既影响着他们自己，也影响着我们。同样的故事一再上演，只不过角色扮演者不断变化。在过去，父母是接受者，现在他们成了施加者，我们成了接受者。故事正是以这种循环轮回的方式，作用在一代又一代人的身上。

也许很多人能理解父母的不完美，但真正接受这一点的人并不多。他们也可能忽略了一点，那就是你身上的很多优点同样来自于父母，更没有意识到，父母在当时已经做了自己认为最好的选择。很多时候，并不是父母做到了什么，孩子就一定会成功；父母没做到什么，也不代表孩子在这点上也会失败。人是否真正完整，选择的按钮永远都在自己手中。

有本畅销书叫《别独自用餐》，作者基思·法拉奇是我的一位哈佛校友。这本书主要是教你如何提高自己的社交圈质量，拓展自己的人际关系。我在哈佛读MBA时听过他的演讲，也和他一起吃过饭，每次与他交流都让我深有感触。

基思·法拉奇出身于贫穷的工人家庭，父亲是钢铁厂的普通工人。为了让儿子入读好的学校，他找到厂长，希望任职私立学校理事的这位厂长能为儿子写一封推荐信。厂长见到基思·法拉奇之后，认为他很优秀，同意为他写这封信，而他也终于有机会进入当地最好的私立小学，并以此为起点，一路考入耶鲁大学、哈佛商学院，最后成为当时世界财富500强公司里最年轻的首席市场官。

在基思·法拉奇的人生经历中，对他造成重要影响的思维故事是什么呢？

他表示，自己之所以非常勤奋和努力拼搏，是因为常常觉得自己不充足。无论私立小学还是常春藤大学，他接触到的都是有钱人或富二代。反观自己，出身贫寒，就好像是这个群体中的另类。正因为如此，他一直觉得自己不充足，总是想着努力奋斗，不断获取，有朝一日出人头地。所以，在工作和人际交往中，他一贯秉持着“你能给我某些价值，我才会考虑给你回报”的原则。

若干年后，基思·法拉奇的想法有了彻底的转变。他最后认识到，如果要和他人建立长期的良好关系，不能只获取，也要付出，为他们真正提供价值。很多成功人士也都具有类似的“付出思维”。美国那些最富有的人，像沃伦·巴菲特、比尔·盖茨，他们承诺会捐出自己 90% 以上的财富。也许有人会说，他们这么做是为了避税。不错，在美国，捐款的确可以在一定程度上具有抵税功能。不仅如此，捐款还能带来名望和人际关系，你给某个顶尖大学捐赠一幢楼，那这幢楼就会以你的名字来命名。如果你想真正进入上层交际圈，比如纽约的上流社会，那通过捐赠加入纽约大都会博物馆并成为一名理事，会是一条很好的途径，因为纽约大都会博物馆的理事会可是纽约知名的上层人士互动平台。

但是，第一，就算为了避税也好，名誉也好，并没有必要把全部身家都捐出去；第二，还有很多的亿万富翁会选择去匿名捐款，尤其在美国的一些慈善机构以及大学里，常常都会收到金额巨大的匿名捐款支票。这些至少说明了很多捐赠者既不为名，也不为利，不是想借此跨进某个上流社交圈。

按中国人的传统想法，财富完全可以一代代传承，留给子孙。之前，我对此也很疑惑。毫无疑问，他们都很爱钱，不然不会积累那么大笔的财富。但是，为什么他们愿意全部捐掉？根本原因还在于，一个真正完整的人生，不仅要有获取，也要有给予和付出。

人的思维故事之所以产生，往往基于建立安全感，可以更好地保护自己，但问题是，保护自己的思维故事同样可以让你受到局限。

基思·法拉奇出身贫穷，他的思维故事告诉他，一定要获得更多，才会更有价值，才会有安全感。这种“不充足”思维在一定程度上是推进剂，使他具有很强的上进心，考上耶鲁、哈佛，成为大公司的首席市场官。但当人生到达一定阶段的时候，这个思维故事反而成为阻碍他发展的瓶颈，当他把他的思维故事变成“我永远有足够能力去给予，我的获取也是为别人做出贡献”，那他就变得更完整了，也可以拥有更大的动力。

基思·法拉奇后来认识到，如果还要再上一层楼，思维故事就要从“不充足”变成“足够给”。“当我为别人付出的时候，我自己也能获得更多”，当原先的思维故事发生了改变，自身的局限也就被打破了。

林登·约翰逊虽然身为总统，却没能像基思·法拉奇那样认识并改写自己的思维故事，走出了截然不同的另一条路。他一直没有认识到自己的局限，内心承受着巨大压力。在林登·约翰逊身上最能够反映这一点的就是他在越战时期的执政表现。

不少人都对约翰·肯尼迪的印象很好，认为他年轻，有魅力，感觉做了很多大事情，但其实约翰·肯尼迪在国会没什么影响力，提交的大部分法案提案都没有获得通过。而林登·约翰逊在任职总统前曾担任民主党在参议院的领袖，所以他特别懂得怎么推动国会通过法案。很多研究过林登·约翰逊生平的美国历史学家都表示，他其实完全有机会成为美国历史上最伟大的总统之一，例如他当时推出称之为“伟大社会”的施政纲领。就在约翰·肯尼迪被刺身亡之后，林登·约翰逊陆续促使国会批准了对黑人和少数族裔给予更多保护的民权法案、刺激经济发展的减税法案，还让联邦政府拨款资助了兴办教育事业的种种计划，也增加了很多社会福利。

当时的美国在外交方面已经卷入越南战争多年，为了给南越（越南共和国）更多的支持以击败北越（越南民主共和国）。从 1965 年 3 月 8 日林登·约翰逊首次派遣 3500 名士兵开始，不断地往越南增兵，但是收效却没有随之见好。“想成功，但害怕失败”的思维故事对林登·约翰逊的影响巨大，他派兵越多，就越放不下，越害怕失败。到 1968 年时，美国在越兵力竟然已经增加到 55 万人。

由于“渴望受人爱戴，却不信任别人”的思维故事已经根深蒂固，林登·约翰逊在越战问题上刻意绕过美国国会和美国民众，屡次秘密地进行军事升级，轰炸北越城市的消息没有向媒体公布，而不断飙升的军事开支是通过借款而不是增加税收来满足的，因为后者需要告知国会并得到允许才能进行。

越南战争的全面爆发及美国政府正式对越宣战，导火索是北部湾事件（也称东京湾事件），美军宣称在 1964 年 8 月 4 日美方军舰在北部湾受到北越鱼雷袭击，林登·约翰逊马上做出强硬反应，受到了美国主流媒体的赞美和支持。

但实际上，当天根本没有北越鱼雷袭击美方军舰，后来美国海军文件证实了这点。然而林登·约翰逊据此做出了让越南战争全面升级的决定，美国人民也最终被谎言拖入了战争的深渊。

众所周知，美国民众在第二次世界大战期间建立起来的强大自信心经越战一役就荡然无存。年轻一代对国家、对总统失去信任，反战情绪非常高昂，美国内部分歧也越来越大。林登·约翰逊在 1969 年卸任之时，成为美国历史上最不受欢迎的总统之一。

无论林登·约翰逊还是基思·法拉奇，他们的思维故事都曾经把他们推向了人生的高点，但不可否认的是，这些思维故事也在一定程度上限制了他们，如果想要打破局限，突破到下一个阶段，一定要认识自己拥有的思维故事，也要认识到完全可以由自己来改写原先的思维故事。基思·法拉奇认识到原有的思维故事带来的负面影响，于是尝试着做出改变，最终突破了自己的局限，获得了内心的成长。而林登·约翰逊却相反，最终在人生巅峰滑落。

由此，我们需要清楚地认识到，那些根植于脑海深处的思维故事，很大一部分来自于原生家庭，来自于我们的父母，它可以带来成功，但也有可能同时带来消极和怨恨。而因为很多思维故事的产生来自于我们成长初期，我们已经遗忘了，很多时候觉得这些好像是形成在无形中，甚至怎么形成的都想不起来。

可无论如何，成年后的我们必须认识自己的思维故事，解读它，想办法改写它，只有这样才能让我们的人生变得真正完整。而另一方面，每一个人生下来都不是全知全能的，成年后也并不能马上变得完整，所以才要接受父母的不完整，认识自己的不完整。让自己更完整的正确方式，就是在与父母沟通时，体现自己完整的爱。这可能就是“孝为本”在新时代的定义，有机会把完整的爱给予父母，展现一个完整的自己，让人生之路变得更完整。

你向父母表现出完整的爱，也就等于向他们发出了一个邀请，让他们有机会改变自己，帮助他们变得更完整。虽然最后做决定的仍然是他们自己，但这并不妨碍你发出邀请。

完整并不是完美，不代表我们理想中的状态一定会出现，双方也并非不会再出现冲突。但如果你的内心是完整的，已经真正掌控了自己，在沟通时，你就可以辨别和筛选别人对你的影响，你就能用完整的自己去面对父母，就能用完整的自己去面对所有人。

接受不完整，恰恰是变得完整的开始。

第3部分

如何从自己开始改变

第1节　感恩你们成就了现在的我

如何才能改写思维故事？最简单的方法是追溯事件的源头，找出深藏在脑海中的故事，然后去改写它。比如，每天记录“情绪日记”，写出自己想要改善的点，尝试着找出背后的思维故事。

有一次，我去缅甸旅行，一行人乘船在伊洛瓦底江上。当时我在船上使用洗手间，发觉手纸用完了，便向船员提出补足。没想到对方的态度非常恶劣，我很生气，虽然没有当场发飙，但情绪非常不好。这是我写下的第一篇情绪日记，简单描述了事件经过之后，我开始分析，是什么原因导致我产生了负面情绪？背后的思维故事是什么？是因为我认为他的服务不专业，没有把他的本职工作尽力做好。

接下来，我尝试着去改写它，我思考：对方的服务态度不够好，到底是什么原因？比如是否他没有条件接受更好、更专业的培训？或者他虽然不专业，但已经尽到了他所能做的全部？我可否把它当作一个练习耐心的机会？当我探索这个思维故事并且重新改写之后，情绪平复了很多，更重要的是，我开始从不同角度考虑问题，也想到更多的解决方法。

这只是一件很平常的小事，要改写当然很容易，如果是一些对我们有重要影响的事情呢？一些根本不可能改变的事情呢？在这种情况下，最好的方式是通过和父母的互动来使自己得到改变。因为绝大多数人的思维故事来自于父母，想要改写那些顽固的思维故事，解铃还须系铃人，必须回到初始之地。前面提到，托尼·罗宾斯的童年并不美好，然而他在演讲中曾经不止一次谈及童年经历带给自己的特殊意义。出身于这样的家庭，是否令人感到绝望和不可改变呢？托尼·罗宾斯却说："我要感谢我的母亲，虽然她没有给我一个美好的童年，但我很多的优点来自于她。比如，我很善于观察，那是因为我小时候必须不断地察言观色，才能知道会不会被骂挨打。所以，我现在的成功有相当一部分要感谢她！"

接受父母的不完整，理解和面对他们，并且从另一个角度审视自己，是跨出改写思维故事的第一步。如果你觉得有些事情根深蒂固，不可改变，那不妨回到起源之初，回到和父母的关系上来。毕竟对我们产生影响最大的就是我们的父母，如果这一段关系所产生的“思维故事”可以被改写，那么其他方面的问题也将会迎刃而解。

具体要怎么做呢？最先要做的一件事，就是感恩。

父母不完美，有些父母甚至很糟糕，因为他们的思维故事也受自己原生家庭的影响，这是一段无法改变的历史。但必须承认的是，我们绝大部分优点也来自于他们，所以我们应该感恩于他们。

就像托尼·罗宾斯，他的母亲对他并不好，但他依然感谢她。因为托尼·罗宾斯认识到，母亲已经尽力而为，做了她当时觉得能做到的最好。出于害怕挨打也好，无可奈何也好，托尼·罗宾斯从小学会了自力更生，还得照顾好自己的弟弟妹妹，干什么事都有一股不服输的劲头，这些特质决定了他之后的成长和成功。对此他认识到他需要感恩。

托尼·罗宾斯的母亲一直都很贫穷，从来没有属于自己的房子，一辈子也没享受过什么好的生活。某天，事业有成的托尼·罗宾斯带着她去到海边的一栋公寓楼，两人走进其中一套房子。从窗口看出去，水天相接，海天一色，满眼的好风景。母亲不由感叹道：“好美的风景！这房子是谁的？”接下来，托尼·罗宾斯微笑着将一把钥匙放到母亲手中，说道：“是你的。”

那一刻，时间仿佛停止了。托尼·罗宾斯没有再多说一个字，母亲看着他，眼眶里饱含着泪水，到底是喜悦、感谢，还是自责、悔恨？此时，她也说不出一个字。那一刻，所有语言都是苍白的，只有海浪拍打沙滩的声音萦绕耳边。托尼·罗宾斯说，这是他一生中最快乐的瞬间。当他用感恩的心去看待那段曾经不怎么美好的童年，发自内心地感谢母亲的时候，他发现，他的内心更完整了，也获得了真正的自由。

有些人总是会想，如果父母当时再为我多做些什么，多照顾我一点，或者给我更好一些的环境，可能我就不会是现在这个样子了。越是这样想，越会在恶性循环中越陷越深。过去了的事情已经没有意义了，而且所谓的“再好一点”也是没有上限的。

要跳出坏唱片，首先就要转移注意力，将“埋怨”转移到“感恩”上来。换句话说，就是把你的注意力从埋怨对方的很多原因，转换到感恩对方的很多原因上来。也许你会说，我怎么也忘不了那些糟糕的回忆。当然，你并不需要忘记它，只需把注意力放在感恩上。毕竟，值得感恩的事一直都在，只是暂时忽略了，不是吗？我们要做的是重新回忆起那些值得感恩的点滴。

比如，我很感恩我的母亲每天都很早起来为我做早饭，即使我七点起床，她也自愿六点起来为我准备。但是，很多年以来，我一直觉得这是理所当然，有时起来发现没有早饭，还问她怎么没做。其实静下来想想，这并不是一个义务，真的要特别感谢我的母亲。

还有，母亲打电话给我，总是一上来就列出几件事，要我尽快去解决。以前我总会觉得不耐烦，为什么总是要盯着我做并没有那么重要的事。后来我明白了，母亲说的这些事都和我有关，对她来说就是最重要的事，这份无微不至的关怀是我必须感恩的。这些生活细节是父母为我们做的和着想的，看似微不足道，实则细致入微，每个人一定都可以想到很多很多。

感恩的力量非常强大。托尼·罗宾斯曾经提到过发生在他童年时的一件事。某年感恩节，托尼·罗宾斯家穷得连一只火鸡都买不起。当时，一位热心的陌生人给他们家送了一只火鸡。他的父亲碍于面子，想要拒绝，但就在门快关上时，那位陌生人用脚顶住门，责备道："不要因为你廉价的自尊心连累你的家庭。"托尼·罗宾斯牢牢记住了这位陌生人。他第一次知道，原来世上真的有这种愿意无偿帮助别人的人，于是暗下决心，以后一定要用同样的方式去帮助贫穷的人。现在，他已经帮助一亿人吃上了一顿饱餐。

父母都在以自认为最好的方式展现对孩子的爱，不管能力高低，不管方式如何，不管时间早晚，都是值得我们感恩的。所以，我们应该感谢父母，感谢他们帮我们达到了现在所处的位置，要真正地爱他们。这时我们才有机会，而且有能力真正地做到控制自己，控制自己的思维故事，控制自己的生命。

每天早上，我都会想三件自己觉得值得感恩的事，第一件就是关于父母的。

也许一大清早，你没有睡醒，但不得不起床，觉得烦躁、不爽，可能想到一天要面临的各种挑战，心情很糟，越想越不开心。这时，你可以调动起感恩的情绪，把注意力集中在一个值得感恩的点上，不断放大，你就会发现心中洋溢出幸福的感觉。感恩，是对自然、社会和他人给自己无偿的恩惠和帮助由衷的认可。此时你的注意力放在那儿，情绪就随之变化。心理医生经常建议我们心情不好时，可以出去散散心，看看书，和朋友聚聚，这其实是在帮助我们转移注意力。每天早上想三个感恩的事，做的时候，最好尝试把它放得更大，每次都深化一些，让记忆和画面变得更加深刻。要知道，我们生活中充满着足以感恩的事，那些琐碎的小事组成了我们和父母的关系，构建了我们和父母之间的爱，也构建了我们和其他人之间的爱。

完成感恩程序之后，第二步就是沟通。

当你觉得父母付出的点点滴滴真的值得感恩的时候，心态就已经开始起了变化，这时候，你可以重新尝试着和他们沟通。在这个过程中，坏唱片还有可能老调重弹。一开始的确心平气和，没说几句，情绪又控制不住了。以前那个负面的思维故事还在，毕竟累积了十几年甚至几十年，虽然新的思维故事正在慢慢树立，但也需要一定时间的累积。

在这个时候，你可以主动把平时练习过的感恩程序加入对话中。比如，你可以说："其实我特别感恩，只是一直没能说出口，小时候你们牵着我的手送我上学，我一辈子都忘不了。我知道你们很爱我，我也很感谢你们。"

这个方式叫"打断"。如果用和之前一样的方式谈，肯定还会得到同样的结果，所以需要打破这个恶性循环。选择打断，就是选择将感恩的话说出来，因为在感恩的时候，心态就能得到调整，回到可以沟通的状态。双方心态都好的话，谈什么都很容易。如果心态不好，话不投机半句多，动不动又会吵起来。可能父母说了让你不高兴的话，你心态不好的时候就直接生气了，但心态好的时候，笑一笑也就过去了。

很多人可能觉得，中国的父母不习惯这种沟通方式，很多中国的孩子也不好意思对父母说这些，但我可以保证，只有这样表达出来，双方的心态才会改变，如果一直藏在心里，父母就没有机会聆听你的心声，你也没办法知道父母的感受。在这个过程中，你自己的情绪会逐渐转换，旧的思维故事对你的控制力会逐渐变小。每当用感恩程序和父母沟通的时候，它虽然还会时不时地跳出来，但不久就能转换到新的思维故事上。

要知道，旧的思维故事是经年累月形成的，有些甚至比较极端，或者隐藏得很深，但如果每天都能做感恩程序，以此来建立新的思维故事，那它便会慢慢占据主导地位，同时，也就开启了我们和父母的一个良性沟通循环。

当我们和父母的关系非常融洽的时候，他们一定很愿意和你分享他们小时候的故事，你也能更好地把自己的故事分享给他们。我在做过很多次感恩练习后，已经可以和我母亲很好地交谈，聊她过去的一些事。我明白了我眼中唠叨和急性子的她、一天到晚把我当小孩看的她，并不是觉得我的能力不够，而是始终把我的事当成是最重要的事；而她之所以不称赞我，也是因为怕我骄傲，其实她心里非常以我为荣，也经常在别人面前夸我，却在我面前绝口不提。同时，我也会向她倾诉："如果你能够称赞我一下，我会更加有前进的动力，因为你的一小句称赞就比别人的十句、一百句更有意义。如果你觉得我骄傲了，可以随时指出，我也一定会接受批评。"

当我们和父母有机会分享彼此的内心故事，有机会谈心，我们才有机会真正打破困扰我们生活的坏唱片，建立真正以爱为基础的家庭关系。如果每一个家庭、每对父母和子女都可以有这样的关系，就会像儒家所说的那样，修身、齐家、治国、平天下，影响会一环一环地向外扩散，从个人开始，直到我们的家庭、企业、社区、国家，乃至世界。

在这个过程当中，有一点特别重要，我们一定要记住：沟通的目的不是要父母去改变，因为你很难强迫别人去改变，尤其当对方是成年人的时候。所以，我们只能以沟通的方式，发出一个个改变的邀请。

强迫是很痛苦的，不管对自己，还是对别人，但如果换成邀请就很不一样了，对不对？

第 2 节 以宽容和对话重获选择权

小时候，父母的建议我们很容易就会接受，因为我们是一张白纸。但长大以后，我们有了自己的想法和观点，要改的话的确很难，除非自己真的愿意改。所以，父母也是一样的，我们不可能逼他们改，要知道，一个人如果要真正改变，那绝不是外界迫使他去做的，而是他自己决定的。

更重要的是，要让他们看到我们改写了自己的思维故事，让他们明白任何人都是有机会可以改变的。我们需要真正地爱他们，接受和包容他们的缺点及不足，宽容他们之前给我们带来的不快和痛苦，不去责怪他们没有给予我们更多，而是感谢他们已经给予我们的，这才是真正的爱。真正的爱来自于完整的自爱，不必再需要他人给我们爱。

很多时候，父母之所以那么做，是有深层次原因的，可能在她们的内心深处，有着未被察觉到的思维故事。发掘这一点可能并不容易，毕竟很多父母不喜欢和孩子讨论自己的事。但如果你能够很耐心地和他们沟通，真正地爱他们，他们肯定是愿意和你分享的。

后来，我和母亲促膝长谈，知道了她小时候的一些故事，发现其实她的操心和焦虑是来自于她的母亲。我的外婆也很爱操心，不管什么事，如果不能在第一时间解决的话，就会一直放在心上，寝食难安。母亲小时候家里并不富裕，如果不能马上解决问题，可能就会造成物质上的短缺。外公的一些资产还曾经被冻结过，他是一个比较乐观开朗的人，并不怎么操心，当时最着急的就是外婆，她甚至有一段时间需要靠卖血来维持家里的开支。所以，从我母亲的角度来看，觉得如果不把事情马上解决掉，就会有一种不安全感，问题可能会越来越严重。她觉得只有不停地操心，才能最快速地解决问题，才能真正安心。这个思维故事从小就种在母亲心里，几十年来早已根深蒂固。虽然她知道这会有负面影响，比如血压会升高，医生也给她建议不要太操心，对身体真的很不好，但还是很难改掉。要改写这个思维故事，或许需要她自己意识到外婆那个时代已经过去了，或许需要她自己了解操心所带来的副作用，对她和身边的人都造成了负面影响。操心过度的话，不仅让自己焦虑，也会让周围的人焦虑，反而会影响解决问题，适得其反。

当我和母亲有了这样深度的沟通之后，我更加地理解和宽容她，再也不会像以前那样觉得很不耐烦。

宽容，不仅仅是不把问题都归咎到父母的身上，同时也是宽容自己。其实，当我们怨恨或不满时，这个情绪就在我们自己身上，不在对方身上，由此而生的痛苦也只作用在自己身上。有这么一句话：生气就像自己喝了毒药，却指望对方去死。德国古典哲学创始人伊曼努尔·康德也说过类似的话：生气就是拿别人的错误来惩罚自己。

在托尼·罗宾斯的培训课上，我就曾亲历过一个极端案例。

有一位女士上台谈论自己的经历，我们暂且称她为安娜。安娜的童年非常不幸，曾遭受过父亲的性侵，这让她非常憎恨父亲，也非常自卑。正是这段经历，使得她从小就开始讨好别人，因为她觉得自己是有缺陷的，只有加倍努力，才能使别人接受自己。成年后，安娜远离父亲，交到很多朋友，但内心的自卑感始终挥之不去。在很长一段时间里，她和父亲没有任何交集，每次想到童年就会勾起非常痛苦的回忆，心中充满仇恨。她觉得父亲不仅毁了她的童年，也毁了她的一生，这个阴影永远摆脱不了。

我听她站在台上述说着一切，心里也很难过。

托尼·罗宾斯当时问安娜："你为什么要告诉我们这一切？"

安娜回答说，因为自己想做彻底的改变！每次一想到父亲，她就会陷入愤怒和痛苦的负面情绪中，久久不能自拔。这个思维故事让她无法正常生活。每次进入一段恋情，她总是不能真正信任对方，最终分道扬镳。她知道问题出在自己身上，如果不能彻底解决这个问题，一辈子逃避下去，她的人生永远都不能完整。她也了解，改变是一条很痛苦的路，但她还是决定要试一试，因为只有彻底解决问题，才能真正获得解脱。

事实上，对于这类不幸家庭来说，大多数孩子和父母的相处无外乎是两种方式：逃避或者僵持。选择逃避，就是断绝关系，老死不相往来；选择僵持，相当于搁置问题，矛盾并没有解决，始终是扎在心里的一根刺。无论选择哪一种，事实的本质并没有改变。

其实，还有第三种选择，那就是面对和改变。大多数人不是不知道这个方法，而是不愿意选择。为什么？因为改变是痛苦的。就像大自然中有很多动物在成长的过程中需要历经一次又一次的蜕皮，过程很痛苦，但这是必经之路。人也是一样，如果想让自己获得更完整的人生，改变也是必经之路。虽然很痛苦，但这是长期以来唯一一个可以真正改变自己的方法。过去有再多的缺陷、不幸和伤痛，毕竟都是过去的事，我们没有办法改变过去，却可以正视自己，改变现在，影响未来。

所以，托尼·罗宾斯对安娜说："确实，你父亲在你小时候对你做了不可原谅的事，你觉得痛苦，觉得自卑，这是你给自己的认知。唯一有可能改变它的人，不是别人，而是你自己。接下来，你是希望和父亲再也没有任何交集，还是希望能够重新面对他？你想要改变自己吗？"她沉默了好一会儿，点了点头，说她还是爱父亲的，只是一直不知道怎么面对。

托尼·罗宾斯建议她给父亲打一个电话，说出心里话。这通电话只是一个邀请，因为你不能强迫他改变，他可能改，也可能不改，是否接受这是他的事。但更重要的是，如果你能坦然面对，那么他就不能再影响你，你才真正地掌控了自己，使自己变得完整，因此获得了自由。

于是，她给父亲打了一个电话，而且切换到免提模式，以便让在场所有人都能听到。她在电话里说了很多，“你对我做的那些事是不可原谅的，以前我一想到这些就会气得浑身发抖，我觉得我的一辈子都被毁了，被自卑压得抬不起头来。但现在一切都不一样了，我感谢你让我成为现在的我，在我说出这些话的时刻，我开始变得完整了，我可以掌控自己的思维，你不会再影响我了。”

当她对父亲说出这样一番话时，她忽然发现，自己心中的石头落了下来，过去哪怕是一想起父亲就会忍不住愤怒、悲伤，但现在她却异常平静，胸中不再梗阻了。电话的那一头也很安静，没有咒骂，也没有道歉。过了一会儿，她父亲说了一句话：“希望你下次可以到我这里来，我想见见你。”她答应了。

她答应见她的父亲，并不是原谅了他，也不是要逼着他认错。

她只是去面对，去接受这一段童年，接受正面的，承认负面的。逃避和悔恨都不是让自己更完整的好办法，因为真正能够让自己完整的人，其实就是自己，也只有自己。

这个做法也给了他父亲很大的空间，因为性虐待他人的人往往自己小的时候也有过类似遭遇。她父亲是个很古板的人，也许不会说出自己的故事，很可能不会道歉，也不知道怎么道歉，但现在他们还是有机会可以沟通。

在之后的课堂上，我又见到了这位女士，她和我分享了一些那次会面以及后续的故事。

在父亲去世的前几周，她去养老院看望了他。过去很长一段时间里，他们没有往来，但如今可以进行普通的寒暄，交流一些琐事。看着垂垂老去的父亲是如此虚弱，她心中生出一种同情。她知道，父亲其实和她一样，在童年有过和自己一样的痛，却没有机会像自己那样改变。

当时，养老院里正好播放了一首30年代的歌，她父亲似乎一下子有了兴致，想邀请她一起跳一支舞。于是，她搀扶着父亲跳了起来，一下子好像回到童年，她的父亲带她去参加舞会，那时她对父亲还充满着爱与崇敬，直到发生了不堪回首的事，她开始绝望，她觉得不能再相信这个曾经最信赖的人。小时候经历过的痛苦，往往都会留下不可磨灭的心理阴影。但当两人互相搀扶着，漫步在舞池中央，安娜忽然觉得自己又变回了那个天真烂漫的小女孩，好像从来没有过痛苦的经历，没有恐惧，这一刻她真正完整了。之后没过多久，父亲就去世了。

有很多小时候被父母虐待的人，他们即使长大，到了中老年，哪怕是对他们施加暴行的父母去世，思维也仍然被父母所影响、所掌控，只要一想起父母就会忍不住愤怒和悲伤。

安娜和她父亲并未和好如初，更达不到相亲相爱的程度，但双方至少可以心平气和地坐下来沟通。安娜使自己变得完整，也使自己和父亲之间的关系变得完整。她已经从自卑的桎梏中解放了出来，可以像以前一样交到很多朋友，却不必再像从前那样刻意讨好别人。她从此改善了自己的思维故事中的缺点。

现在，安娜在一家非盈利组织工作，她说这段童年经历也可以视为人生财富，让自己能够帮助更多孩子远离不幸。所以，在某种程度上，她还是要感谢父亲，如果不是他，自己可能没有机会从事这么有意义的工作。

安娜的心结彻底解开了！她的思维故事发生了改变！

当你宽容父母的时候，也是在宽容自己。如果你不宽容别人，一定要别人改变，这个时候决定权就在别人手里。你要意识到，自己完全有机会拿回决定权。要让自己变得更完整，你必须这么做，也只能这么做。当决定权回到你自己手中，你就可以影响你的父母，让他们也有机会变得更好。

在我们还小的时候，总是需要外界给予我们什么，例如父母给我们的食物、保护、肯定、表扬、关心和爱，等等。但是长大之后会发现，外界给予的东西不是不重要，但不能让我们得到真正的满足，唯有内心的满足才是真正的满足，内心的完整才是真正的完整。

我们要正确认识和调整自己和父母之间的关系，才有机会成就内心的完整。我们自身就是一个完整、充盈的个体，当我们能真正感恩自己的父母，真正爱自己的父母，那么我们在社会上也可以跟所有人都建立和谐的关系。

有些人可能会说："我的父母已经去世了，怎么办？"这其实也是可以做到的。人类有一个很大的特点，那就是虚构世界的能力，我们每个人都有机会在脑海里跟父母有这样的对话。其实我们经常用到虚构这个能力，比如说你要去面试了，你会提前想象别人会问你什么问题，你还能想象怎么回答你所预测的这些问题。所以，就算父母已经去世，我们也可以对他们表示感恩，像他们依然活在世上一样。

这一点非常重要，因为我们有自己的内心世界，在这个世界里，我们有机会可以“复活”任何一个人，“找到”任何一个人，跟他们进行对话。我父亲在我13岁时就去世了，我每年都会去他的坟墓前，跟他说说心里话。

中国人非常尊敬祖先，“传宗接代”蕴含着很深层次的意思：我们的祖先其实没有真正死去，他们活在我们心里，他们在不断影响我们。每逢清明，很多人会去拜祭祖先，希望祖先赐福，保佑我们一切都好。从某种角度来说，其实我们是在运用自己的虚构能力，调整着我们的内心，诉说着我们的愿望和想法。

有机会跟父母，甚至父母的父母有这样的对话，代表了我们能成为更加完整的人。当我们成为父母之后，也应该把这些思维故事传给我们的孩子，甚至孩子的孩子。

这就是真正的“代代相传”。也是我为什么认为所有的思维故事首先来自于父母与孩子的关系。我们先让自己变得更完整；然后给父母发出一个改变的邀请，让他们也有机会变得更完整；我们还要帮助子女建立更完整的自己；拥有更完整姿态的我们才更有机会在社会上获得真正的成功、真正的幸福。

第二章

情绪

引文　情绪既是信号，也是工具

父母往往是最容易触发我们坏唱片的人，一句随意的唠叨或漫不经心的问话，就可能引爆我们的坏情绪。还没等交谈进入正轨，我们可能就已经不耐烦地提高嗓门，甚至陷入争吵。

其实，不光对父母是这样，在生活中，在人际交往中，每个人都曾有情绪失控的经历。那你有没有想过，人的情绪究竟是如何产生的？它为什么难以察觉，又常常难以控制？我们是否可以把对情绪的掌控权拿回来，而不是被它牵着鼻子走呢？

前文已经讲过，在自然界中，人类既不会像其他动物那样上天入地，也没有傲视众生的尖牙利齿、庞大身躯，最终能成为食物链的顶端生物，得归功于智人脑。但是，智人脑有两大缺陷，一是消耗能量大，这对早期的人类来说是一件挺棘手的事情。要知道，在很长一段时间里，人类生存所面临的最大问题就是物资匮乏：在原始社会，人类主要依靠狩猎和采集来获取食物，而物资来源非常不稳定；在这种情况下，高能耗的大脑无疑会给人的生存带来一定的负担。二是反应速度慢。思考虽然可以使人类进步，但大脑的高效运转却需要一定的时间。我们经常会说的“让我静一静，好好想一想”，就是这个道理。这一点对早期人类尤其致命。试想一下，当一只猛虎向你扑来的时候，如果你还在用智人脑苦苦思索，恐怕早就成了对方口中的美食了。

在能量和时间都很充裕的情况下，智人脑确实占据绝对优势，可以解决很多复杂难题，不断地创新。但在物质匮乏、不容思考的艰难时刻，你要是完全依靠或者常常启动智人脑，反而会更加面临危险。因此，在爬行动物脑和中央神经系统之间，人类进化出了一个很重要的器官——杏仁体。危险来临，杏仁体会抢先一步，把我们在爬行动物脑产生的反应越过智人脑直接输送到神经系统，让身体快速执行任务，这就是启发模式。

启发模式的第一种是先天反应，包括我们常说的直觉，指人类应对危险时的本能反应。第二种是后天反应，也就是通过之前的记忆和经验，总结出决定日常行为的思路和习惯。后天反应使人形成各种各样的思维故事，例如有些人有了从老虎爪下逃生的经历之后，不仅是看到有老虎的影像、图像会害怕，就连听到有人在谈论老虎都会产生恐惧感，这就是所谓的“谈虎色变”的思维故事。每次只要听闻有人谈虎，大脑就直接把关于虎的思维故事调用出来，自动绕过智人脑，通过杏仁体把反应传递到神经系统，使人快速产生相应的情绪——害怕，而害怕这个情绪又会让我们加速执行相应的思维故事。

所以，情绪既是信号，也是工具。

情绪是一种信号，这并不难理解，当它产生的时候，会很直接地反映在我们的身体上。比如通过辨别开放式肢体语言和封闭式肢体语言，我们能分析识别好情绪和坏情绪，因为两者存在很明显的区别：当你心态不好时，情绪会是悲伤、沮丧的，就会耷拉着头，愁眉苦脸，弯腰驼背，肩膀下垂，整个人蜷缩着；而当你心态很好时，情绪会是开心、舒畅的，就会站得笔挺，抬头挺胸，面带微笑，身体姿态是打开的。

从生理学角度看，情绪会促使人体分泌各种激素，产生相应的动作和反应。比如生气时，心跳加速，血液快速冲向大脑，很多人会觉得头脑发胀或者胸闷；在危急关头，肾上腺素分泌加速，同样让人呼吸和心跳加快，使人的反应速度更快，力量瞬间变得更强，等到能量峰值过后，人就会产生疲劳的感觉。

由此可见，情绪能直接影响我们的身体，我们可以通过感知身体的变化来察觉到情绪的存在。这一点特别重要，因为我们只有察觉到情绪所发出的信号，才能知道自己已经陷入了启发模式。

情绪也是一种工具。出于生存的基本要求，启发模式要被快速执行，情绪则扮演了“驱动器”的角色，例如使身体分泌出肾上腺素等，这些天然的兴奋剂可以在关键时刻提高人类个体的生存概率。对个体而言，一个人情绪好的时候，做什么事都一帆风顺，情绪不好时，做什么都感觉举步维艰。我们常说要激发正面情绪，化解负面情绪，就是因为情绪能给身体带来影响和变化，它完全可以被定义为一种工具，一种帮助我们解决问题的有效工具。

第1部分

情绪的来龙去脉

第1节　情绪难以控制，又因人而异

美国著名心理学家、《情绪的解析》的作者保罗·艾克曼对人类情绪进行了很多深入研究。关于情绪如何产生并驱动启发模式，他用了另外一个词——“自动评估群”。

人的大脑好比一部手机，内置了“情绪警戒资料库”，其中包括了那些能够调动我们先天就有的直觉与后天形成的思维故事——可以把它们想象成手机里装的一个个应用程序（APP）——的“情绪诱因”（Trigger）。Trigger的直译是“枪的扳机”，由此大家可以更直观地感受到这些诱因的“一触即发”。

自动评估群之所以被称为自动，就是因为它不需要经过思考，可以快速完成评估并直接调用。在生活当中，情绪警戒资料库在不断扫描着，只要发现周围有状况，或者什么事件形成了情绪诱因，大脑就会马上调出相应的APP，我们就进入了“触发阶段”，身体马上就会分泌像肾上腺素一类的激素，让我们产生更多的情绪力量去解决问题。

比如，一辆汽车迎面向你急速驶来，眼看就要撞上了，这时哪怕你在开车时听音乐或跟同伴聊天，也会以最快的速度做出应急反应。即使你并没有很专注地观察路况，反应仍然迅速，就是因为大脑里有这个自动评估群。它就像一个默默潜伏的评估软件，警觉而敏感，在车子迎面而来的一瞬间，发现并调用了情绪警戒数据库和最适用的启发模式。

千钧一发之际，那些恐惧和不安的情绪扮演了至关重要的驱动器角色，使身体瞬间分泌出大量肾上腺素，让我们的感觉更灵敏，反应速度更快，从而做出刹车、加速或转向等动作，以趋吉避凶、化险为夷。

很多人以为，我们是先产生情绪，然后才有相应的身体反应，但科学家发现，情绪也是身体的反应。为什么我们会产生这样的错觉呢？这是因为当人沉浸在某种情绪中时，感官灵敏度会降低，很多人就感觉不到或忽视了身体上的反应。等情绪过了，才会觉得好像刚刚有点喘不过气，或者胸闷、头脑发胀等。

这是启发模式里先天反应的一个例子，后天反应也是类似的情况。思维故事一旦形成并被深植于大脑之后，它的调用速度、反应速度，甚至可以和本能反应一样快。只要自动评估群抓取到情绪诱因，大脑就会依照节能原则进入思维故事。

与路径长、反应速度慢的负责思维的智人脑相比，负责情绪的杏仁体路径短、反应速度快，给人的情绪带来了先发优势。所以，只要在启发模式里，不管是先天反应还是后天反应，在没有思考的时候，一连串应急动作就已经完成了。

情绪会促使人体分泌各种化学物质，推动思维故事的执行，再加上连接爬行动物脑的杏仁体可以直接影响神经系统，当我们情绪非常激动时，智人脑的后发干预就无效了。这时，思维对情绪失去了控制，我们陷入情绪之中无法自拔，“感性战胜了理性”。在这段“无法反应期”中，我们就算尝试去思考，也都变成制造不同的理由来证明我们的思维故事是正确的。这也就是当我们有情绪时，会越想越有情绪的原因所在。

这里要注意一点，人大多数时候是没有什么情绪的，毕竟情绪会消耗能量。情绪因思维故事而产生。所以，不要把所有想法、念头，都看成思维故事。只有附带了情绪，能让我们快速反应，后天产生的启发模式，才是真正的思维故事。

大多数人只是知其然而不知其所以然，知道这个现象却不明白其中的原理。现在我们明白了，为什么说人类是偶尔有思考的情感动物，而不是偶尔会有情绪的思维动物。

生活中，我们会遇到各种各样的事，相应地也会表现出不同的情绪。有些事会让每一个遇到它的人产生同样的情绪，比如眼前出现了一个蒙面持枪的恐怖分子，这会让所有人都感到恐惧。而有些事给人带来的反应却各不相同，比如看到一条狗，有的人会害怕，有的人会高兴，想上去摸摸它；遇到态度很差的服务员，有的人会生气，有的人觉得无所谓，还有人可能会表示关心，问她今天是不是有什么烦恼。

即使面对同一件事情，人们后天形成的“思维故事”也会因人而异，情绪也会有所不同。造成这些差异的重要原因，在很大程度上源于我们之前遇见同类情况时各自思维故事的形成过程。

我在斯坦福大学读书时有一位好朋友，也是十岁左右从中国来到美国。他非常聪明，在斯坦福连续获得了电子工程学士、硕士和博士学位，毕业后去谷歌做了一名高级工程师。他是一个非常理智和讲究逻辑的人，性情和善。

可是，他有一个独特的习惯——绝对不吃鸡，而且任何跟鸡或鸟有关的食物都不吃。某次闲聊，我问他原因。他告诉我，小时候他曾目睹爷爷杀鸡的场景，从此留下了心理阴影。他爷爷当时手拿菜刀剁下去，一刀就把鸡头砍掉，那没了头的鸡竟然还挣扎着跳了起来，向前跑了几步，好像宁死也要逃脱屠刀似的。这个血淋淋的场景将猝不及防的他吓得不轻，深深地刻在了脑海中。从此，这位朋友看到鸡或者任何让他想起鸡的食物，就会感到恶心恐惧。

他的叙述也勾起了我儿时的记忆，我也有类似的经历。小时候我家有一个露台，我爷爷习惯在那里杀鸡。他会一只手抓住鸡的两只翅膀，然后把鸡头往后压住，这样就用一只手把鸡冠和翅膀都固定住了，让鸡动弹不得。然后再用另一只手执刀，把鸡脖子割开，让鸡血从鸡脖子里流出来，一滴一滴地滴到事先准备好的一个碗里。我记得非常清楚，那只鸡在不断挣扎，后来变得抽搐，最后就无力挣扎了。我爷爷在那只鸡抽动幅度变小的时候，叫我试着去抓住它。我抓住了又放了手，鸡挣扎着跳了起来，向前跑了几步才倒下。只是我当时产生的情绪远没有我那位朋友如此强烈。

面对同样的场景、经历，不同人的反应会不尽相同。有些人觉得没事，有些人不喜欢，但也可能有些人的情绪反应非常激烈。就像我这位朋友，思维故事在形成的时候是附带着情绪的。一部分人看到杀鸡流血后产生的情绪反应比较平淡，因此不会形成思维故事。另一部分人当时的心情则非常难受，感到极度恐惧，于是就会形成一个相当负面且程度强烈的思维故事。

第 2 节　触发情绪的十种模式

情绪难以控制，又因人而异，要想从容应对，首先要知道哪些模式会触发情绪。当我们了解了其中缘由，就能更好地处理。在这里我一共列出了十种模式。

第一种就是自动评估群，它会不停扫描周围环境，观察是否有符合激发情绪警戒资料库里的情绪诱因。一旦情况吻合，相应的启发模式 APP 就被调用出来，情绪也就随之发生。

情绪警戒资料库里的一部分资料是天生的，另一部分是后天的个人经验，可能是抽象的概念，也可能是具体的场景。我们会在人生中经历很多事情，通过理解和思考，我们将其划分为让我们开心、伤心、兴奋、恐惧等类别，并当再次遇见同类事情的时候，就会调出与之相应的情绪。

第二种是“反思性评估”，也可以理解为思考。当我们明白了该情况对自己的意义，以及会造成的后果时，就会产生相关的情绪。

比如一个喜欢旷课逃学的孩子会做的反思性评估可能是：一直这样下去，我怎么毕业？怎么找工作？怎么独立生活？他可能就会越想越担心，越想越害怕。恐惧就是他通过反思性评估产生的情绪。相比自动评估群，反思性评估更为费时，当然也有其优点，它更能引导我们做出更好的选择。就像上面举的那个例子，如果那位不良少年通过思考沉沦下去的后果，开始担忧自己的未来，他就能从此奋起改变，努力向上。

第三种是“回忆带有情绪的经历”。回忆过去引发情绪的场景和故事，也可以激起与当时一样的情绪。

回忆可以是个体进行的主动追忆，也可以是受身边事物引起的被动追忆，比如触景生情。我们可以试着回想一下，一生中最开心的那一刻是什么场景。对我自己而言，大学毕业时，妈妈陪在我身边，分享我的喜悦，我看到她脸上灿烂的笑容，那天的天气、温度、人物、表情和校园风光，无不深深记录在脑海，每当回想起这一幕，我就能迅速找回当时的那份情绪。

当然，同样的回忆也可以带来不同的情绪，尤其在我们调整了思维故事之后。比如小时候被父亲虐待的那位女士，只要一回想起相关经历，就会愤怒和痛苦。而当她选择勇敢面对，宽容化解，以实际行动解开心结后，即使又追溯过往，也不再觉得痛苦了。

第四种是“讨论过去的情绪事件”。当我们把一件以前发生过的事叙述给别人时，也会触发相应的情绪。

无论是我们把事情说给有同样经历的人听，还是说给完全无关的朋友、心理医生甚至陌生人听，我们自己都能重新体验到当时的情绪。比如，我和别人说起小时候外公送我上学的事，说着说着，便开始思念外公，心中有种温暖的慰藉，还不由自主地带上一些伤感。

第五种是“想象”。指通过具象化的方式想象那些能够引发情绪的图像和场景。传递到大脑的视觉图像可以快速而直接地触动我们的大脑神经，引发我们的情绪反应、记忆回路和逻辑思维。

我们可以在脑海中幻想一件事，让自己沉浸在那个场景中，就能激发出相应的情绪。比如想象一些愉悦的场景或画面，成功做到了梦寐以求的事，或者和最爱的人在一起等等，这些场景画面刻画得越细腻，涉及的细节越多，产生的正面情绪就越充沛。当我们想跳出负面情绪时，这个方法尤其有帮助。感恩程序就是一个很好的例证。

第六种是“同理心”。我们聆听别人的故事，目睹别人的情绪反应，容易与之产生同感，仿佛这件事就发生在自己身上，从而引起情绪的共鸣。

同理心的产生以认同为基础，和我们与对方是否认识，感情是否够深，没有绝对的因果关系。如果我们不认同对方的故事或情绪，那么即使对方是我们认识的人，也不见得会引发强烈的情感共鸣，甚至可能会产生截然不同的情绪。与之相反，如果我们产生了认同感，即使对方是毫不相干的陌生人，或者是现实世界中不存在的虚构人物，也会让我们产生情绪的共鸣。

比如看报纸和杂志时，我们会因为读到陌生人的经历而产生情绪；看电影时，往往会把自己代入剧中角色，感同身受，一起欢笑，一起伤心；如果是我们认识的人，尤其是对方和我们关系很好、很亲密，彼此产生认同的可能性会更高，情感共鸣也往往更为强烈。

第七种是“他人塑造”。指我们在别人的教导和影响下产生的情绪。

从一无所知的孩童开始，我们就在接受身边人的各种教导，其中也包括了情绪的产生：我们应该什么时候高兴，应该什么时候伤心，应该生气什么，应该害怕什么……这种情绪教导越在早期进行，程度越强，对日后的影响也会越大。

我们从小也学会了观察和模仿他人的情绪反应。例如父母要是讨厌人群聚集的地方，对此表达出相应的情绪，孩子也会有很大概率受其影响，产生和学会厌恶的情绪。

第八种是“社群规范”。这里对社群的定义很宽泛，大到国家、民族、宗教，小到某个机构、社区、宿舍。这个情绪触发模式往往只会在一个特定社群中有效，让身处其中的人表现出相应的情绪。

从宏观角度来说，社会上有很多约定俗成的规则，要求我们在特定场合表现相应的情绪。比如升国旗、奏国歌时，要表现得庄重严肃；参加追悼会时，要表现出伤心悲痛等。从微观角度来说，即使是同一国家、同一文化的人，也不见得有完全统一的标准，同样一种仪式，有的人会很高兴地庆祝，有的人可能悲伤地痛哭，另外一些人则无动于衷。

第九种是“外部表情带动内在情绪”。这个触发模式是保罗·艾克曼在进行脸部表情与肌肉关联研究时发现的。通常我们认为，人是先产生情绪，然后表现出相应的表情，但其实情绪和表情互相影响，人也能够通过做出表情，来让自己产生对应的情绪。

保罗·艾克曼发现，五种基本情绪的面部表达具有跨文化的一致性。比如愉快时眼角出现"笑纹"；哀伤时眼角会下垂，嘴角也会微微向下；生气时嘴巴大多会紧紧抿住，眼睛会瞪大；惊讶与害怕时，眼睛都会变圆，嘴巴微张；嫌恶与蔑视时，鼻子会皱起，嘴角会向上挑。

所以，我们就不难理解为什么世界上会有"微笑俱乐部"这样的组织了。一群人专门聚集在一起大声地笑，就算没什么好笑的事，也表现出笑的表情，做出开心的动作，因为这样就能给自己带来高兴的情绪。

第十种就是音乐，只不过到现在还没有完善的科学理论支撑。这里所说的音乐并不一定是有词的歌曲。要知道，很多年代久远的音乐其实都是纯乐曲，像西方的古典乐、中国的古风曲，关键是旋律和节奏。

音乐可以刺激人的神经系统，给身体带来一系列反应，从而影响情绪。不同的音乐会带给人不同的情绪。年轻人喜欢去舞厅和酒吧跳舞，那里播放节奏强烈的电子舞曲，通常没有歌词，却让人情绪高昂，不自觉地舞动起来。很多人心情不好的时候，也会听一些舒缓或欢快的音乐，来调整和释放情绪。

如果要把情绪进行分类，很多人最简单直接的方法就是分为好情绪和坏情绪。好情绪包括开心、满足、感恩等，坏情绪包括失望、愤怒、悲伤等。东西方对待情绪有着不一样的态度。西方人倾向表达情绪，释放情绪，宣泄感受，想什么就大声说出来，高兴就笑，伤心就哭，生气就发火，不藏着掖着；东方人更倾向克制，平静内敛，无论开不开心，都显得风轻云淡，喜怒哀乐，不形于色。

但如果要论优劣，我认为这两种方法都不是最好的。宣泄情绪、释放压力之后，情绪还是容易持续重复出现；而选择克制，也不代表情绪就此消失，甚至可能越克制越反弹，或者潜伏一段时间之后更猛烈地爆发出来。情绪无常，有生有灭，来了就去，去了又来。表达和克制只是不同的处理方式，没有本质上的区别，无论向外倾吐，还是向内回收，情绪背后的思维故事没有改变，同样的情绪便依然会继续困扰着你。

人进入情绪化阶段时，往往是不自知的。所以我们常常看到这么一幕：当别人在发火的时候，就算身边的人劝他“不要发火，冷静一点”，他依然振振有词地说：“谁说我在发火啊！”情绪是一定会发生在我们身上，也没有人能避开启发模式，但我们能做到的是尽快意识到自己已经进入了启发模式和无法反应期，意识到自己陷入了某种情绪。

情绪是一种信号，感知这种信号的第一步就是感知身体的反应，通过不断的练习，我们就有机会去察觉、更改和替换情绪背后的思维故事。情绪也是一种工具，我们有能力运用这种工具，让情绪的自主权回到我们手里，学会选择怎么使用情绪，带给我们更多的力量。

第 2 部分

情绪怎么影响我们

第 1 节　为什么我们总是不快乐

当下可能是人类历史上最好的时代了。曾经有学者做过统计，第二次世界大战至今，人类因战争、饥饿、天灾和疾病等非自然原因死亡的比例是有史以来最低的。既然如此，人类的幸福指数似乎也应该达到历史最高值了，然而事实并非如此。

改革开放 40 年来，中国的经济快速增长，中产阶层也在不断壮大。有报告数据显示，如果以美国作为基准国家，以拥有 5 万至 50 万美元的财富来界定中产阶层成年人的话，在 2015 年中国达到该水平的成年人数量就已经超过 1 亿，高于美国的 0.92 亿，排名全球第一位。很多社会学家都认为，中产阶层是社会稳定的基石，能否形成以中产阶层为主体的“橄榄型”社会结构，是一个国家或地区能否稳定发展的重要基础。

与此同时，“中产焦虑”也一直如影随形。中产焦虑近几年似乎也已成为中国人频频提及的话题。作为经济能力已经提升到一定地位、衣食住行都不愁、每年时常旅游的中产者，为什么反而会产生更多的焦虑感呢？

在美国，绝大多数中产阶层每月都会有一笔固定医疗开销，那就是看心理医生的费用。几乎每个月，他们都会准时向自己的心理医生报到，倾诉自己的焦虑和不安。可见，美国中产阶层因焦虑而产生的心理疾病一点也不比中国少。

因心理问题而衍生出的处方药滥用问题，更成为美国社会的灾难性现象。据统计，仅 2016 年，就有 6.4 万美国人因滥用阿片类药物而致死，数千名儿童成为孤儿。2017 年，阿片类药品滥用致死案数量节节攀升，美国政府宣布全国进入“公共卫生紧急状态”。什么是阿片类药物？简单来说，就是从罂粟中提取出的生物碱，以及一些衍生物，主要被用于麻醉和止痛，很多服用者认为这可以缓解自己的焦虑。

是什么原因导致人类在最和平年代反而催生出最严重的焦虑呢？

第一，发达的媒体让人看到了一个“永远达不到的标准”。

从前，媒体远没有现在发达，人们获取信息的方式相对单一。如果你生活在一个村庄里，你的信息传播途径很可能只是整个村庄这几百号人，和这些人相比，你的颜值并不低，你的几亩地也不差。但在信息爆炸的时代，每天只要上网或打开电视，就可以看到全世界最漂亮最英俊的人，我们的思维故事便将审美标准从“近距离人群”提到了“世界最高”。要知道，两者的差距可不是一般的大。

同样，从消费标准来看，媒体平台上充斥着各种人设，无论真实的人生还是电视剧里虚构的人物，往往都是一些最顶层的角色。绝大多数偶像剧的主角都是高富帅，颜值特别高，脑子特别聪明，还特别有钱，开着私人飞机，坐着豪华轿车，过着奢靡的日子。现代媒体就这样有意无意地把成功和幸福的衡量标准推到了极高的水平，让很多人不自觉地认为，这是衡量成功和幸福的标准，成功人士就该过那样的生活。

例如，对中国家长来说，孩子进不了好学校，开始焦虑；进了好学校，排不进前十，又焦虑；进了前十，读国内名校还是出国留学？依然焦虑……有人可能会说，如果我赚到第一个100万，我会很开心；也有人说，当我赚到第一个1000万，我会很开心；甚至有富豪曾说，先定一个小目标，赚一个亿吧！大家纷纷将这一个亿作为衡量标准，对比自己的财富，怎能不焦虑？

人到底快不快乐，很多时候取决于选择什么参照物，也就是怎么定义标准。有两个孩子，你告诉他们每人每天可以喝半杯果汁，他们会很开心。但如果你说，哥哥可以喝一杯，弟弟只能喝半杯，弟弟肯定不开心。

我们现在遇到的情况也是如此，社会告诉你的思维故事是，成功和幸福必须有很多很多的果汁，我们每天在媒体上看到的，也都是那些喝很多果汁的人，而你的手里可能连一杯果汁都没有。更让人沮丧的是，无论你怎么努力都没有办法跟他们相比或超越他们，巨大的差距所引发的失落和焦虑也就油然而生。

第二，小概率负面事件被放大，让人缺乏安全感。

每天打开报纸，我们能看到什么呢？今天，一架飞机坠毁了，机上人员全部丧生；明天，两个国家产生冲突，大批难民逃离家园。我们每天都可以看到以前永远不会知道的事，你可以随时清楚了解世界任何一个角落发生的事，不断看到很多人对此的评论和各种持续深入的报道。

于是，我们脑海里便充斥着那些问题，不自觉地联想自己所在的环境可能会发生类似的问题。尽管这和我们自身并没什么关联，或者说发生在我们身上的概率极小，但因为我们每天都能从外界接收到这样的信息，注意力还是会被吸引，不断产生不安和焦虑。

可以问一下自己，真正能让你开心的事有多少？仔细想想，你会发觉很少！与此相对，在现代社会中，很小一件事就能让人不开心或焦虑。小到什么程度？开车遇到塞车，自己的心也塞了，“路怒症”人士越来越多；办事排个队，看着长长的队伍，气就不打一处来；去餐厅吃饭，服务员稍有怠慢也会不开心。这些不顺心的小事情往往会影响人一整天的心情。

所以，在现代社会中，你给自己的思维故事是往往需要达到很高的高度，或者实现很大的目标，才能令自己开心。但是如果想让自己不开心，很小一件事情就可以做到。

我们总会有一个错觉：经过数百万年的进化，人类变得越来越聪明，越来越理性，越来越不会被情绪所左右。自认为理性的我们，接受了外界主导的思维故事，大幅提高了标准，却往往达不到预期，需求得不到满足，自己也不知道怎么去调整和化解，于是产生相应的坏情绪，放大了焦虑。

第2节 你也有中产焦虑吗

在媒体和大数据高度发达的今天，各种信息无孔不入，不断刺激着你的神经，每当这个时候，情绪便会成为思维故事的驱动器，加快你产生焦虑的速度，并放大反应。2018年，美国宾州大学的研究成果表明，持续访问社交网络会让用户的情绪变得更糟，社交工具会给人带来坏情绪，降低幸福感。

也许你会觉得奇怪，大部分用户总是把最开心、最美好、最值得分享的事上传至社交网站，分享旅游、美食或是和亲人团聚等美好体验，按道理，这应该能对人产生正面影响吧！但研究发现，将自身情况与朋友圈里晒出的幸福画面相比较，会让我们感到失落，甚至抑郁，将别人生活中最好的一面和自己每天平凡的生活做对比，容易产生坏情绪。这背后是什么原因呢？因为坏情绪的推动力更直接，也更强烈。

我们先来看一个经济术语——“国内生产总值”（GDP）。相信很多人都不陌生，它指一个国家或地区在一定时期内，生产的全部最终产品和服务价值的总和，常被认为是衡量国家或地区经济状况的重要指标。

想要拉动 GDP，最主要的方法之一就是刺激需求，鼓励消费。怎样才能使消费者提升需求，购买更多的东西呢？最直接方式并不是讲道理，谈逻辑，而是发掘、引导和放大你的情绪。

商家非常擅长利用各种方式来引导客户进行冲动消费。心理学家认为，客户购买时产生的“冲动”其实是一种本能反应。早期人类在恶劣的生存环境中，为了应对物资严重不足情况，就会将一些相对稀缺的物资尽可能地储存起来。影响学中把这种冲动称为“稀缺性冲动”。

在现代社会中，这种本能反应运用起来依然非常有效。你会发现，一些贴着“限量版”标签的商品总是卖得最快；一年一度的大促销期间，很多人并不是出于实际需求进行消费，而是不想错过一年难得一次的大折扣；也有很多人会觉得优惠力度这么大，买回去再说，反正以后总用得着。

如果我们分析那些最成功的广告，会发现没有一个把表达重点放在讲述产品本身，而是统统把矛头对准了你的情绪。这样做的目的就是力图勾起一个思维故事和相应情绪，从而促使你产生消费欲望，他们希望让你感觉到：只有购买了相应的产品和服务，你才会有好情绪，不买就有坏情绪。

从古至今，对人产生直接影响的往往是情绪，而非理性的逻辑、理论和道理。无论线上还是线下，文字还是图像，能有效触动和引发情绪，就是最有效的交流方式。生活在这个现代社会，面临信息的海量轰炸、媒体和周围人群的不断影响，要解决日益剧增的焦虑感和其他负面情绪，我们可以尝试以下几种方法。

第一，人类和高科技之间需要划分一个清晰的界限。

我们必须直面一点，在科技飞速发展的当下，很多人已经不知不觉成为高科技的奴隶。曾有调查数据显示，一些美国年轻人一天会拿出手机200多次。这是个很惊人的数字！想想看，我们和身边的亲人或朋友交流，一天能超过200句话吗？父母、孩子、配偶全部加起来估计都没有。但是，很多人每天睁开眼睛的第一件事情就是看手机，睡觉前的最后一件事还是看手机。

人类和高科技之间的界限必须清晰地划定出来。比如每天减少看手机的次数和时间，将这段时间空出来做一些其他事情，尤其是放在自我思考、自我认识上面。

对此我深有感触。之前，我也是高科技的奴隶，幸好后来慢慢改变了。现在，每天晚上九点之后，我就不看邮件了，周末更是会腾出一天或半天时间不看手机，也不上网。一开始的确很辛苦，但后来发现，这样调整之后，再回到工作中，专注力和效率都会提高很多。更重要的是，很多时候，我们似乎已经慢慢忘记了手机或网络之外的很多其他乐趣，唯有“切断”网络，身临其境去参与体会，才能重拾这些乐趣。尤其是人与人，自己与自己，更需要深度的互动和投入，才能真正了解和改变。

第二，并不是所有的新闻或信息都值得汲取，要筛选对自己最重要的。

在美国，很多成功人士都会说“FOMO”，即“fear of missing out”（害怕错过）。越成功的人就越在意 FOMO，他们觉得每天世界上都会发生很多事，如果不能随时了解，就会错过。

之前在白宫工作时，很多人几乎每隔一两分钟就要看一下有什么新闻更新，对白宫行政人员来说，新闻就是影响力，甚至权力！如果你知道一些其他人不知道的消息，那你的特殊影响力就会马上凸显出来，你可以根据这些独家信息，做出自己的分析和判断。我在那时养成的习惯就是看新闻，每天最少要看几十次，对世界上发生的任何事都了如指掌。

但是，那么多的新闻，其中有多少对你真正产生了影响？又有多少对你有切身的意义？我们现在每天被大量碎片化信息包围着，需要处理的信息越来越多，但每天只有 24 小时，人类的大脑是不适合一直紧绷着的。

就算我们拼命去处理信息，在那么多信息的辅助下，我们做事真的比以前仔细和正确吗？并不是！绝大多数时候，我们仍然沿用简单的思维故事去做决定，比如“便宜没好货，好货不便宜”“这个人有名，他代言的产品我都相信”等等。要知道，我们现在可以很轻松地在网上找到各类信息，也有机会对产品或服务进行全面的分析和比对，但是很多人仍然沿用最简单的方式，根本没时间和精力去处理和分析信息。

所以，新闻并不需要看很多。你每天可以花很少时间去了解一下当天发生的大事，但并不需要整天关注和了解世界上发生了什么事。因为绝大多数信息跟你的生活一点关系都没有，也影响不了你的任何决定。

例如，恐怖分子在欧洲搞那么多恐怖活动，但这些事对一个中国公民的影响有多大？几乎是零！可是在阅读了大量相关信息之后，很多中国人的坏情绪和焦虑感却会大大提升。并不是说要屏蔽这些新闻，两耳不闻窗外事也是不对的，但没必要把时间花在处理这些信息上，不要让自己被过多干扰。

我现在每天早上一般只花不超过10分钟的时间浏览新闻，晚上也是如此。除非在特别感兴趣的信息上会稍微再多花一点时间，其他信息就不再过分关注了。尤其对于那些时刻变化着的信息，不必花太多时间关注。比如股市的波动，今天大涨，你感觉会特别好，明天大跌，你的心情又会变差。其实，除非你是真正的证券从业人员，否则股市三天五天的涨跌，跟你并没有太大关系，适当屏蔽这些信息，会免除你的很多焦虑。

第三，人类最珍贵的是大脑。所以必须在大脑外设立一道防火墙，同时还得不断为大脑补充养分。

如果没有防火墙，很多杂乱信息便会如病毒般入侵，就像一处庭院，没有定期维护，便会杂草疯长，所以一定要非常警惕。光是除草还不足以打造漂亮的庭院，每天最好花至少半个小时来看一本对自己来说有意义的书，我就特别喜欢传记和历史。温斯顿·丘吉尔曾说过“不学习历史的人注定要重复错误”（Those who fail to learn from history are doomed to repeat it）。

大脑是产生焦虑感的源头，而焦虑的导火线绝大多数又来自于外界。所以，一方面我们需要为大脑设置护栏，另一方面需要丰富和充实自己的头脑，认识和改写我们的思维故事，让它越来越富有智慧。

综上所述，要把自己和高科技适当地划分开来，让大脑有充分休息的时间；选择性屏蔽那些对自己没有意义的信息，只留下那些最重要的；每天让一些好的、正能量的知识丰富自己的大脑。这三点对我们的内心成长非常有帮助，而且还会让人更专注，更有效率，拥有更多正面的情绪，也更有幸福感。

第3节　怎么会有人对坏情绪上瘾

什么是幸福？这个问题我曾经问过很多人，学生、白领、高管、创业者、全职妈妈、退休老人……有趣的是，当我抛出这个问题的时候，大多数人会先愣一下，然后用一种略微复杂的眼光看着我，好像这是一个非常奇怪的问题。

在稍作考虑之后，他们一般会告诉我：幸福，就是有一份好的工作，有一套梦寐以求的房子，有很多很多钱；是子女有出息，是一家人都身体健康，可以美满地生活在一起……

我相信，虽然需求各有不同，绝大多数人对于幸福的理解，主要可以归纳为两个方面：一是尽可能拥有好情绪，二是尽量远离坏情绪。但是，事实上，一味追求好情绪或逃避坏情绪，都有可能令你在情绪认识上误入歧途。就像之前说到美国药品滥用的现象，就是非常典型的方向错误，为了追求感官上的“幸福感”，有人不惜服用阿片类药片，甚至是毒品，通过这些外界物品带来的刺激，以为可以让自己长时间地处于好的情绪状态之中。

当然，逃避坏情绪的杀伤力更大。2014 年 8 月，好莱坞著名喜剧演员罗宾·威廉姆斯在家中自杀，自杀原因被证实是和他患有忧郁症以及路易氏体型失智症有关。2018 年 6 月，美国轻奢品牌“凯特·丝蓓”创始人凯特·丝蓓在纽约寓所自杀身亡，此前她已罹患忧郁症数年。相隔不过 3 天，知名美食节目主持人、传奇名厨安东尼·波登在某酒店自杀身亡，据称死前已陷入抑郁和毒瘾，不少人唏嘘“这是连美食都没能治愈的人生”。

这三个人无一例外都是名利双收的“成功者”，在各自行业都非常成功，有很多追随者和支持者，也都有亲人和爱人，当然也有很多的财富，但是，他们最终都选择了自杀。无论何种原因导致他们最终决定结束自己的生命，我相信，在这背后肯定有属于各自的思维故事。

罗宾·威廉姆斯的遗孀苏珊·施奈德在一次采访中曾提到，丈夫所患的路易氏体型失智症常常会使他身体僵硬，走路不稳，甚至跌倒，还会产生手颤、焦虑及幻觉等现象。对此，罗宾·威廉姆斯非常焦虑，每次外出，有路人看他，他就会非常惊慌，以为别人讨厌他。这个思维故事一次次地激发了他的坏情绪，这些情绪使他反复沉浸在自己的思维故事里，不可自拔。如此循环往复，他觉得自己无法跳出来，唯一能解脱的方法，就是自杀！

思维故事的力量是巨大的，加上情绪这个驱动器不断累加，足以产生惊人的效果！虽然能够触动情绪的这些思维故事，一开始的意义是为了让我们更好地生存和成长，也就是“生于忧患”，但如果使用不当，也会产生很严重的后果，甚至丢掉性命！

从表面看，没有人想长时间陷入坏情绪之中，但事实上，还是有很多人喜欢它，甚至离不开它。要知道，大脑中形成的任何一个思维故事，最终目的都是为了满足自身需求，产生出坏情绪的思维故事是为了满足什么需求呢？

第一，确定性需求。

我们身边总有这么一类朋友，常常抱怨自己缺少运气和机遇，

“我能力并不差，要不是上级没给我机会，也不会这么多年都得不到晋升！”“我爸妈没有让我从小锻炼演讲，所以我现在上台就会僵住！”“我真可怜，你看，就是没人来爱我！”“我运气太差了，总是碰到这样的倒霉事！”这类人总在不停寻找导致自身失败的必然性条件。

他们的思维故事是：并不是我自身能力不足，是因为周边的人不爱我，没有给我机会，甚至连老天也不帮我，不给我好运气，才导致我现在处于这样的状态。我曾和一位患有焦虑症的朋友深度交流。他的坏情绪主要来自爱情。他告诉我，每次恋爱，一开始很甜蜜，但最终总是分手收场。每一次分手，内心就多一次痛苦，哀怜自己为什么这么不幸，总得不到尊重，被欺骗，被抛弃。但很遗憾，下一次还是同样的结果。

你会发现，大多数喜欢抱怨的人的思维故事都有一个惊人的相似点，那就是现在这个结果都是外界因素造成的。不断用这样的方式自我游说、自我催眠，就会越来越相信这一切都是必然的，因而感到“坦然”，因为找到外界“背锅”了。当然，这肯定会带来一波又一波的坏情绪，但也满足了对事件判断的确定性，以至于有足够的理由不作出任何改变。

第二，重要性需求。

当你表现出坏情绪的时候，身旁的人一般都会过来关注你，安慰你，照顾你，给你打气。你可能是一个弱者的形象，但你的重要性也被凸显了出来。对一些长期被忽视的人群来说，尝试了被重视的感觉之后，总是期望再一次拥有它，于是就不愿意跳出坏情绪。有些人认为，感情上的弱者角色对于帮他们获得别人重视是有好处的，通过这种方式更容易得到周围人的真正关心，可以更容易地跟别人建立关系，或凸显出自我的存在。

科学家们从生物学的角度，发现了为什么很多人明明知道坏情绪不好，还容易沉迷其中。当人体处于好情绪状态时，大脑会分泌两种物质：内啡肽和多巴胺。这两种物质能直接影响人的情绪，令人愉快、兴奋和开心。但科学家们也发现，当人处于某些坏情绪状态时，大脑同样也会分泌出类似物质。比如遇到悲伤的事情，大哭一场以后，整个人会觉得放松了很多。

为什么会这样呢？从进化角度来看，只有好情绪能给人体带来驱动力，肯定不是最好的生存方式。试想一下，如果一有不好的感觉，身体就发出指令，让你停止或者逃避，就好像一悲哀，眼泪出来了，大脑就叫停，那反而是弊大于利。因此，当某些坏情绪出现时，大脑同样也会分泌出这两种兴奋剂——内啡肽和多巴胺，鼓励你继续做下去。这也从生物学的角度再次解释了为什么很多人明明知道坏情绪不好，但还是容易沉迷其中的缘故了。

由此可见，跟好情绪容易使人迷醉一样，坏情绪也是会令人上瘾的。为什么有人喜欢沉溺于坏情绪并抓着相应思维故事不放？因为这可以让他感到有足够理由一直待在舒适区里，不去做任何改变。

坏情绪上瘾有一个最大的坏处，它不会帮你达成真正想要的目的。既不能让你变得内心强大，也不能让别人真正重视你。相反，它只能让你离目标越来越远，没有人喜欢一味埋怨和归咎于外因的人，也没有人会一直毫无保留地帮助内心脆弱的人。

第 3 部分

有效调整情绪，改变思维故事

第 1 节　大脑终身可塑，人人皆可调整

之前我们通常认为，大脑结构在婴儿时期会历经快速的成长和变化，这时吸收新知识的速度会更快；等大脑发育到成年之后，结构就基本定型了，可能再也不会有什么变化，甚至慢慢开始走下坡路。

而新的科学研究结果显示，成年人的大脑并非一成不变，其可塑性仍然很强。大脑的主要组成部分——神经元细胞和神经胶质细胞（它们是互相连接的）会不断加强或削弱彼此之间的连接，所以其结构在我们成年以后会继续变化。这种神经连接和修改的能力被

称为“神经可塑性”。这点非常重要！它证明就算步入老年，大脑仍具有可塑性，“活到老，学到老”是完全可行的。

那为什么有些人总觉得，年龄越大，有些习惯或思维故事就越难被改变？这并不是大脑本身的问题。随着年龄增长，我们对自己的思维故事会越发依赖，越发执着，越发不愿改变。因为一旦下决心要改变过去，过程多半是痛苦的，要走出我们用了那么久的时间、那么大的力气建立起来的舒适区，这需要极大的勇气。

另一方面，那些从小就形成的思维故事已经伴随自己几十年，早就与自我深深融合在了一起，这些思维故事在一定程度上就代表着自我，改写它很可能就会失去自我，这会对自我的安全感造成很大的冲击。

有些人也许会质疑，思维故事这个概念是否适用于所有人？年龄方面由于神经可塑性的因素可以通用，那文化差别会不会导致并不通用呢？比如西方人比较开放，可能更容易接受这个观点，并勇于做出改变，东方人则比较内敛，就不一定适用。其实，文化也只是形成思维故事的另一种方式。一群人在共同的区域生活了很长一段时间以后，就会形成一些共性的思维故事，久而久之，就被称之为文化或者是文明。

根据目前的研究，人类最古老的文明已经有数千年时间，但无论是哪一种文明，跟人类漫长的进化史相比，都只是短期产物。无论年龄、文化、肤色、国籍上有多大差异，说到底我们都是人类。无论是中国人、美国人或非洲原始部落的土著人，大脑的基本构造都是一模一样的。既然如此，思维故事的产生以及对自身的影响也都是相同的。

在这方面，最典型的例子就是微表情。在微表情未被发现之前，很多科学家认为，人的脸部表情应该具有一定的文化差异，即使是同一种情绪，分属不同文化地域的人也会呈现出不同的脸部表情。比如开心的时候，西方人常常会露出夸张的笑容，而东方人的表现则会相对含蓄，甚至不笑。

自 1967 年开始，保罗・艾克曼进行了长达三十多年的微表情和非语言行为研究。他多次探访位于大洋洲的巴布亚新几内亚，深入原始部落，观察那些与世隔绝的人类在表达情绪时的脸部表情，验证是否和其他人具有共同性，最后得出结论：无论什么国家和哪种文化，人类至少在五种基本情绪上具有跨文化的一致性。

当然，分属不同文化系统的人，表达情绪时的脸部表情可能会有一些差异，比如刚才提到的，西方人开心时的脸部表情比东方人更为夸张。因为在东方文化传统中，个体常常被教导要收敛自己的情绪，比如笑不露齿等，于是很多人学会了如何克制情绪，淡化表情。但情绪和原生表情都是无法消除的，人类可以做到的只是以最快的速度去替换，这种替换的速度最快可以达到 0.1 秒。所以，那最早 0.1 秒的表情就被称为微表情。我们的情绪和身体的反应，包括微表情，是密不可分的。

由此来看，无论哪种文化、哪类文明，都只是人类包裹着的一层外衣，对于思维故事而言，也只是多了一种形成的途径和方式而已。

更重要的一点是，相对人类缓慢的生物进化速度来说，文化的演变速度是非常快的。无论是绵延数千年的中华文化，还是只有短短两百多年的美国文化，都在不停变化，而且速度越来越快。尤其到了近代社会，你会发现，每十几年就可能有一次很大的文化改变。与此相比，人类身体构件的变化则需要经过几千年、几万年甚至上百万年的时间。

正因为和思维故事挂钩的是数百万年的人类进化史，文化差异的影响其实并不是最重要的。举个例子，近二三十年来，美国家庭领养中国孩子的情况越来越普遍，根据美国收养管理机构统计，截至 2018 年，已有近 10 万名中国儿童被美国家庭领养，美国一举成为领养中国儿童最多的国家。这些中国孩子在幼年甚至婴儿时期就来到了美国，在领养家庭中成长，成年以后尽管外表看上去还是黄皮肤黑眼睛的中国人，但思维已经和本土美国人一模一样，没什么差别，这说明他们并不受原生文明的影响。

同样的情况在中国也随处可见。中国自古以来一直是一个多民族国家，但我们常说的“华夏文明”是以汉族为核心的。历史上有许多例子表明，一些少数民族的孩子如果很早就融入一个汉族家庭里，长期共同生活，就会彻底被汉族文化所影响。

因此，我们所讨论的思维故事的形成机制，其实和微表情一样，是人类数百万年来进化的产物，文化差别虽然会在很大程度上形成和影响着思维故事，但它背后的情绪以及情绪的操作系统，对于每个人来说还是一模一样的，都是共性的。既然有共性，那就不管东方人还是西方人，只要找到改变情绪和思维故事的基本方法，就能做到人人皆可调整。

第 2 节 运用呼吸和生理学调整情绪

人的生存离不开呼吸，情绪的调节也一样。东方和西方都有很多使用特殊的呼吸方法配合修行的途径，我也试过不少，发现最常见的呼吸训练主要是让氧气进入胸部或腹部，比如腹式呼吸法，通过加大胸腔和腹腔之间的横膈膜的活动量，使腹部在吸气时胀起，在呼气时收缩。

在这方面，我建议使用把氧气往大脑输送的呼吸吐纳法。具体方式是：在呼吸时，有意识地把氧气往大脑输送，而不是往下送到胸部、腹部或者丹田。这种吐纳方式对平复情绪有着非常明显的作用。

我们知道，在情绪化阶段，情绪是绕过智人脑而直接通过杏仁体连接神经系统，这种情况下你是无法思考的。但这个时候我们仍然可以呼吸，并且呼吸又是自己可以控制的一件事情。使用把氧气往大脑输送的呼吸吐纳法，一方面可以通过专注于呼吸把注意力拉回来，另一方面，大脑在短时间内获得了多于平时数倍的氧气。这时候，大脑的掌控权也就自然而然地重归智人脑。

因此，当你通过身体的触觉，感知到自己正处于无法反应期时，最有效的一个方法就是集中注意力，用嘴巴呼吸，一口把氧气吸进去的时候，可以微微把头仰起来，配合意识把它往大脑推送。当你注意到氧气直奔大脑的时候，就会觉得大脑充满了氧气，几次呼吸之后，情绪也就平缓下来。

当然，不要等有了情绪才用这个方法救急，平时就可以安排固定时间练习。我每天早上会练习呼吸 30 次，中午和下午也会练习。通过练习养成习惯，一旦遇到情绪化，我的第一反应就是做呼吸吐纳，而且可以循环往复地做，直到从情绪化阶段中彻底跳出。

另外，肢体语言练习也可以作为辅助手段，配合呼吸一起使用。我之前曾提过，激发情绪的方法之一是“外部表情带动内在情绪”。情绪不好的时候，人往往会弯腰驼背，耷拉着头，嘴角下沉，此时如果我们有意识地挺胸抬头，摆出笑脸，眼角上扬，心态自然会随之好转。

所以，很多医生建议，如果有烦心事，不妨散散步，做一下伸展运动，让自己变换心情。心情不好的时候，如果条件允许，还可以站在镜子面前，仔细观察一下自己，然后换成一个积极心态下采用的身体姿态，看看心情是否会随之改变。

无论是调整呼吸还是改变表情和肢体语言，要想取得更好的改变效果，都需要经常练习，使之成为你的一种好习惯。

第3节　改写自己的思维故事

如果想要真正改变情绪，必须改写隐藏在之后的思维故事。每当情绪来过以后，我就会把它记录下来，写出情绪诱因，然后试着找出背后的思维故事。我的每一段情绪记录包含三个部分：第一，这是什么情绪，导致它产生的外部导火索是什么？第二，我的思维故事是什么？第三，可以有更好的思维故事吗？

比如，有一次我和一位售后服务员通电话，他非常不讲道理，我当时就很生气，于是在情绪日记里，我写道：今天，我在电话里遇到了一件不开心的事……

第一，我生气了，情绪诱因是售后服务员不讲道理。

第二，我的思维故事是：我花钱消费，但这个售后服务员不尊重我。正视情绪诱因之后，我会仔细思考：遇到同样的事，有些人可以一笑而过，为什么我就会很生气？如果我和他争吵，我生气的时间会更长，这是解决问题的最好方法吗？并不是，只会更糟。

第三，尝试改写思维故事。那个售后服务员不讲道理，是不是因为他那天心情特别糟糕？可能发生了很倒霉的事，可能和他女朋友吵架了，甚至家里出了什么事让他无心工作……或者他还没有受到很好的培训，只是做了他当前能做到的，和他尊不尊重我没有关系。为什么不改写成“每次和不讲道理的人打交道都是一次有效沟通的练习”，解决我需要解决的问题，同时还能帮助到他，这样是否对我们都更好？

一直这样刨根问底，积极寻找答案和解决方式，建立新的思维故事，也就能很好地管理好自己的情绪。

当然，在这个过程中，你可能会发现不少困难。例如，虽然已经把新的思维故事想得很周到、很全面，但情绪诱因来了，自己总是会无视新的思维故事，仍然陷入过去的思维故事中。比如上述事件，只要一想起他对我不好的场景，我马上就会变得特别生气，一想到这些就会非常情绪化。

其实，这是很正常的，老的思维故事是我们长久形成且根深蒂固的，要改变当然不容易，需要通过长期持久的练习。这时，就可以用“形象化”的方式辅助。因为视觉是我们获得信息最重要的方式之一，无论是文字、语言还是声音、触觉，被传达到了大脑里都可以被处理成图像。所以通过“形象化”这个手段，我们可以想象出想要的图像。

例如针对上述场景，我可以这么想象：那个售后服务员一次又一次不讲理，但我一次又一次以很好的心态和他沟通。直到在我的心目中，不管他说什么，我都能心平气和地予以回复。

形象化也是许多顶尖运动员都在使用的方法，很多 NBA 球员练习罚球，除了在球场练习，也会用形象化的方式辅助。他会闭着眼睛在脑海里想象自己站在罚球线前，想到旁边的球迷发出很大的噪音，好像整个场馆都在震动，但自己仍然很镇定地拿起球，膝盖略微弯曲，慢慢地先拍几下球，把篮球举过头顶，轻松出手，稳稳命中。

很多时候，比赛到了关键时刻，球员的思维故事可能就是“我投不进怎么办”“因为我的失误输了比赛怎么办”。越是这么想，命中率就会越小，哪怕平时训练得再好，也会失去正常水准。曾经有人问迈克尔·乔丹和科比·布莱恩特：“在最后几秒时落后一分，很多人都不敢投最后一球，你是怎么克服恐惧的？”他们会说：“我就是为了这一刻而存在的，我脑子里一直想着那一刻到来的画面。”

经过日积月累的坚持，我发现我的改变太大了。第一，每当我把一种情绪记录下来后，下次再发生的概率就小很多。毕竟有了记录之后，人会在潜意识中提醒自己不要再犯同样的毛病。第二，就算相同的情绪又产生了，与以前相比，我反应过来的速度也会相对加快，情绪持续的时间会短很多。即使第一反应还是生气，我也会意识到自己正处在情绪中，可以调整呼吸尽快跳出来，通过改写后的思维故事，快速找到解决问题的最好状态。

再好的方法也不能一步到位，改变思维故事需要长期且反复的训练。

每个人的情况不一样，改变的时间也有长短之别，但只要不断坚持，慢慢地你就会发现，情绪诱因再次出现时，之前的思维故事就没那么快地跳出来了，或者是你察觉得更快了；假以时日，你会发现自己已经直接启用新的思维故事，将旧的思维故事抛诸脑后。这时，恭喜你，你成功了。

第4节 目标价值与远离价值

当我们把自己情绪失控的情况记录下来，写成一本情绪日记后，就会发现其实很多情绪诱因背后的思维故事都是重复的、相似的。这些都是我们多年来累积而成的，要想根除是不容易的。不过也正因其重复，我们可以把它们归类整合，只要改掉其中一个，就能影响其他同类的思维故事。

为了尽快跳出情绪化阶段，改变根深蒂固的思维故事，可以进行更深层次的，关于“目标价值”和“远离价值”的练习。

首先，可以列出一个框架，把重复的思维故事分成两类，分别包括目标价值和远离价值两部分。我们要建立相应的规则，让自己更接近目标价值，避免远离价值。

一、目标规则

以“任何……时候，我……”的形式说出你的“目标价值的思维故事”，例如：“任何失败的时候，我都可以把它当成学习，当我每次能学到新的东西，我就拥有真正的喜悦。”又比如：“任何我能帮助到别人的时候，我都会产生正面的情绪，感到开心和满足。”

二、远离规则

让你的“远离价值”变得更难以出现，避免做那些会让你体验负面情绪的事情。可以用以下形式写出：“只要我一直相信……的错觉，我就会处于消极状态。”“专注于……的错误信念，就会让我感到难堪。”例如：“当我老是专注于陌生人的想法，我就会有负面的情绪。”又比如：“我老是为我不能控制的事情去担忧，我就会感到焦虑。”

根据以上原则与方式，每个人都可以列出自己的目标价值和远离价值。比如我们可以这么列：

1. 任何时候，我的正面情绪来自于：

（1）我热情，并且能够帮助和支持朋友、家人和陌生人，去关注如何帮助别人；

（2）用我的最佳状态改善了别人的感受。

2. 我要远离我的负面情绪，他们来自于：

（1）我一直为未发生的事情感到心烦意乱，或者为可能不会发生的事情担忧不止；

（2）我一直专注于外界影响：我讨厌某个人、某件事情，或者认为某个人冤枉我。

从前，对我最重要的是“人生的确定性”。我给自己的人生做了很好的规划，在斯坦福大学学习，毕业去英特尔公司，期间到哈佛商学院进修MBA，然后进入白宫。我的很多思维故事重复出现于我能不能控制人生的不确定性这一点上，一旦有不确定的地方，让我无法掌控，我就会觉得很痛苦。

在《终身学习：哈佛毕业后的六堂课》里我提到过“令人恐惧的周末电话铃声”，只要一看到员工在周末给我打电话，电话还没接起来，我就已经开始焦虑，是不是公司出什么事情了，或者这个员工要离职了？这些意外状况都不在我预料或控制范围内，让我很焦虑。

另一个思维故事与之类似，是关于给员工布置任务的。我发现，每一次在公司给员工布置好任务之后，员工虽然都说“好的”，但往往有其他的想法，做出来的实际结果跟我想象的也不一样。过去，一碰到这种情况，我就开始生气，这些事也超出了我的预料或控制范围内，我又焦虑了。

可是，上述两个情况都是客观事实，也都经常发生，对职场中人来说都是司空见惯了，因为每个人都有自己的想法。

要改变这类重复出现的思维故事，就可以把“人生的不确定性”写到目标价值里，例如：“任何时候，生命中的不确定性都是一件礼物，可以使我成长，让我变成更好的我。以后再遇上不确定的事，我不会因为无法控制它而痛苦，我会把它视作礼物去接受它，它能让我学习和成长，是一件令人开心的事。”

如果我有机会改变“周末电话铃声”这个思维故事，那我也就可以把“布置员工任务”那个思维故事及其他类同的思维故事一起改掉，这可真是太棒了。

很多人刚开始可能不知道怎么观察和整理自己的远离价值，我可以接着之前那个“不讲道理的售后服务员”的例子来做具体说明。

或许是他那天心情很糟糕，或许是他没接受过很好的专业培训，但不管他是因为什么而怠慢我，我自己要认识到一点：我对他来说，是一个陌生人，所以他不仅对我是这个样子，对别人也会是这个样子，我的不开心来自于我自己的思维故事，也就是“我注重那些不认识我的人对我是否尊重”。

仔细想想，“陌生人不尊重我”这个问题很严重吗？其实，我更应该在意的是认识我的、熟悉我的人对我的态度。我和这位陌生的售后服务员可能在这次沟通之后就不会再见，没必要有那么强烈的负面情绪。所以，就远离这个类型的思维故事吧，“如果专注于陌生人不尊重我的错误信念，就会让我感到不爽”而这就是我所说的远离价值。

像这样的练习非常重要，我建议大家都可以认真地做一下。如果你能列出一个好的框架，经常拿出来复习，每天、每周或每月，持续练习，观察自己核心价值的变化，改变是显而易见的。

每个人的人生都像是一场旅行，有着不同的阶段，你会从一个孩子变为成年人，走出校园，踏入社会，成家立业。在这个过程中，大家都在不断成长，对自己最重要的价值往往也随之变化，除了不断复习，也可以进行必要的更新。当然，这份框架并不一定需要频繁更新，如果你觉得这一份已经很好，连续几年一直做同一个练习也没问题。

我和很多人聊过“如何改写思维故事”这个话题，一开始我们试图去思索这些问题的时候，可能大脑会一片空白，因为思维故事埋得很深，第一次思考时一定会有困惑，但只要不停追问，就会在某一个瞬间豁然开朗。

当你把思维故事写下来，就会意识到：其实这些思维故事虽然给过我们很多帮助，但也带给了我们很多限制。不管我们年纪多大或是多小，内心都有一些引以为豪的东西，是这些思维故事让我们成为现在的自己，造就了我们现在的成功，但如果我们还想攀登到更高的地方，这些思维故事可能就会成为阻力，把我们禁锢在舒适区，这时就需要重写这些思维故事。

让我们再一次放眼于情绪，这也是本章所强调的：当我们产生情绪，就能知道思维故事又出现了，这是情绪的信号功能。这时，就可以用一系列方法。首先，用呼吸吐纳和生理学的方式让自己冷静下来，冷静下来才能思考。跳出情绪化阶段后，可以写下自己的情绪诱因，思考情绪诱因背后的思维故事，改写新的思维故事。通过形象化的方式练习新的思维故事，避免坏唱片的循环。再列出自己“目标价值”与“远离价值”的框架，加以实践。

的确，曾经帮助你、把你塑造成如今模样的东西也会变成你的舒适区，阻止你前进，但如果你想达到更高的境界，那你就得改变它。像我现在是四十多岁，有些人可能看这本书的时候只有十几、二十岁，也有些人可能已经五六十岁了，尤其对于年纪稍大的人来说，要想改变几十年来根植于我们大脑的思维故事，确实是不容易的。可是，只要大家有这样一个认识，能做这样一个决定，思维故事是一定可以改写的。

持之以恒地去练习，观察改变的效果，你会惊喜地发现这对我们的影响是非常大的，而且是从内到外的。久而久之，你会发现，原来那些会让自己很生气的东西还是存在，但现在的自己已经可以很平静地对待它们，能积极运用正能量和正确的方法去解决它。这是我五年以来践行的结果，相信每个人都有能力做到。

第三章

幸福

引文　我们对幸福的定义正确吗

迪斯尼经典动画的结尾总会有这么一句话：永远幸福地生活着。我们在童年就开始接受关于幸福的美好画面：王子打败恶魔，救出心爱的公主，两人永远幸福快乐地生活在一起。可见，在人们心中，幸福是与好情绪紧密联系的。另一方面，生病使人痛苦，分离使人焦虑，灾难使人惊恐，失败使人沮丧。于是，人们希望尽量远离坏情绪。

拥有好情绪，远离坏情绪，可以说是绝大多数人对于幸福的定义。

但是，我们对幸福的向往，其实存在两个明显误区：第一，我们想要永久拥有某些东西，可它们本身并不永久；第二，我们对幸福的定义会发生变化，标准经常会提升。

没有一样东西是永久的。我们希望自己永葆青春，但人都会渐渐衰老，皮肤没有以前那么好了，身体没有以前那么有活力了；我们希望永远拥有资产，例如一幢很漂亮的别墅，但房价一直在变，涨了固然开心，跌了便会焦虑，金融危机来的时候，房价缩水 50% 都有可能；我们希望与心爱的人开心地过一辈子，可万一吵架了怎么办？两个人成长目标不同，成长速度不一致，有点想分开、疏远，甚至闹离婚怎么办？或许这些都不会发生，但人总有生老病死，对方总有一天要离开我，或者我先离开对方，又该怎么办？

想要永远拥有的东西会给你带来短暂的好情绪，但现实中没有永恒的东西，也没有永恒的好情绪。

什么是幸福？每个人都有自己的答案，同一个人在不同时期的答案也不同。大学毕业，拿到一份月薪5000元的工作就已经非常兴奋。但没过多久，身边的同学、朋友、同事陆续升职加薪，你就会觉得，如果自己也跃升一下该多好。打拼几年之后，你终于进入了管理层，总该幸福了吧？没过多久，年薪100万都未必能让自己幸福，你可能又有了新的目标。实现目标之后，我们总是会“幸福”一段时间，但时间非常短暂。很快，你就会感到一切归于平常，接下去又有了新目标。

美国相关法律允许公民年满16岁就可以考取驾照，很多美国家庭传统会在这个时候买一辆二手车作为“成人礼”送给孩子，孩子们收到这件礼物通常特别开心。可是等到进入大学，原先那辆“老爷车”怎么看都别扭，谈恋爱时总要换一部新车才拉风吧？新车还没开上几年，大学毕业了进入职场，看到身边不少人开豪华跑车，心里又会想，如果我也有这么一辆车该多好？

如果这就是幸福，那每个人的一生都在不停地转换着幸福的目标。就算拥有了其中某项东西后，发现的确不错，但一段时间之后就没什么新鲜感了，或者并不像你原来所想的那样有价值，于是你就又开始追寻下一个目标。

为什么会这样？因为上述所谓幸福，说到底只是情绪，是拥有那一刻的快感。任何情绪都无法持久，它的过程非常短暂。追逐一个个好情绪，最终只能疲于奔命。

同样，彻底远离坏情绪也是不可能的。人既无法避免生老病死，也不可能只享受成功。更致命的是，坏情绪同样容易令人上瘾，无法摆脱。那些喜欢沉溺于坏情绪的人，有足够的理由一直待在舒适区里，不做任何改变。

第 1 部分

如何定义幸福

第 1 节　为什么人会追求快感

一味追求好情绪或避免坏情绪，都会使人误入歧途。

我们先看一个现象：近几十年来，超负荷饮食引发的肥胖症成为全球性的社会问题。据美国医学协会统计，全美肥胖人口早已超过 30%，每三个美国人中就有一个是胖子。同时，全美儿童的肥胖率也超过了 18%！

近 40 年来，中国人也越长越胖。1979 年中国糖尿病患者只占总人口的 1%，而现在已经高达 10%！中国也因此成为世界上糖尿病患者最多的国家。也许你会认为，肥胖和经济状况有着直接的关联。

但事实上，在加纳、肯尼亚、尼日利亚这些相对不发达的非洲国家，肥胖人数也在逐年增加。

不健康饮食、长坐少动的生活方式以及长期缺乏锻炼是肥胖率上升的主要因素，而这些因素又和情绪有着很大的关系。

早期人类生存环境恶劣，食物匮乏，无论在生理还是心理上，都对高油脂、高热量的食物存在强烈渴望。因此，人类的味蕾在进化过程中，对糖、盐、油脂类食物特别敏感，一旦有机会获得这些食物，便会大量摄入，储存能量，以获得必要的安全感。久而久之，人就在心理上对这些食物形成了满足感和愉悦感。

在现代社会，人类已经不再需要过多地摄入高油脂、高热量的食物，但漫长的进化历程和深刻的基因记忆却将这种渴望一代代存续了下来。摄入食物已经是人类追求好情绪的一种途径，并不会因社会环境和物质生活的进步而彻底消除。

很多人明知某些食物不健康，却仍会沉迷其中、乐此不疲。试想一下，当你非常放松地坐在沙发上看电视，随手拿起一包薯片，会不会一片接着一片地吃下去，完全停不住嘴，直至不知不觉吃个精光？薯片真的非常美味吗？你真的饿吗？都不是。是这种食物满足了人类最原始的口感（咸、甜、油），进而产生好的情绪，从而

“上瘾”。

近些年来，美国人滥用阿片类药品问题日益严重，同样折射出人们对快感的过分追求，对坏情绪的一味逃避。相关数据显示，美国人每年吃掉的止痛药约占全球总量的80%，超过200万人对阿片类药物有所依赖。更严重的是，这一问题不仅仅发生在少数的底层群体中，麻醉药品已经不仅是穷人才会碰的东西，越来越多的美国人深陷其中，不能自拔。为什么人们如此依赖这些药品呢？其最直接的目的就是要寻求快感、寻求好情绪。

追求好情绪、远离坏情绪并不等同于幸福。无论多好的情绪，都只是大脑所产生的短暂反应，无法持久；而坏的情绪不但无法远离，在一定程度上还会令人上瘾。

第2节　接纳成长中的痛苦期

绝大多数人对情绪的定义就是好的和坏的。什么是好情绪？很简单，就是开心的、舒服的情绪；什么是坏情绪？就是伤心、悲痛等情绪。其实我们应该认识到，情绪是一个信号，也是一种工具。从这个角度看，与其将情绪分为好的和坏的，最好把它分为正面的和负面的。正面情绪带来动力，帮我们做想做的事；负面情绪减少动力，阻碍我们达成目标。

当我们朝着既定目标做某件事情，感到很开心，这既是传统意义上的好情绪，也是正面情绪。但有些所谓坏情绪，其实仍然是正面情绪。例如，中国汉代名将韩信年轻时曾受胯下之辱，就是被迫从别人裤裆下钻过去。这是多么大的耻辱啊，给他带来的情绪是很坏的，传统上都把耻辱感定义为坏情绪。发生这样的事情，估计绝大多数人都没脸出去见人了。但是，对韩信来说，这个坏情绪却属于正面情绪，它给了韩信很大的精神动力，不断去激发他的潜能，帮助他最后达到目标，成为一个名垂千史的大人物。

关于坏情绪可以是正面情绪的例子，在历史上还有很多。《史记》的作者司马迁触怒了汉武帝，因为家中贫困，无法以金钱抵罪，最后不得不接受宫刑。这是生理上的伤害，也是心理上的摧残。心理承受能力差一点的人，估计都要去自杀了，更别提写什么史书。但是，司马迁却将这么坏的情绪当成激励自己的工具，将它转化成正面情绪，发愤著书，写出举世闻名的《史记》。

区分正面情绪和负面情绪的根据是动力，而非感受。一种给予我们更大动力的情绪，即便感受是坏的，如果能帮助我们达到想达到的目的，也是正面的；而那些让我们感到舒适、享受的好情绪，却很可能让我们丧失动力，成为负面情绪，例如经常讲的舒适区，待在里面就不想跳出来了。

历史上有很多所谓的昏君，他们基本都是传承了祖先遗留下来的江山社稷，有一套比较完整的管理制度和官僚团队，很多地方虽然有些小问题，但基本都过得去。这些皇帝从小受教导要成为爱国爱民的明君，继位时都是挺舒舒服服的，活在自己的舒适区里。可是，这些所谓随手可得的好情绪反而害了他们，因为没有让他们成为一个好的君王。这样的案例实在太多了，有太多的昏君都是追求快感，或穷奢极欲，或贪财好色，或横征暴敛，导致民不聊生，自己也遗臭万年。所以，好情绪也可以是负面情绪，尤其是在它阻止你达到你想达到的目的时。

另外有一点也非常重要，就是关于情绪的出现。绝大多数时间，我们是没有什么情绪的，或者说情绪不强烈。调动情绪是要消耗能量的，动不动就有情绪，人会活得很累。动不动就大笑，动不动就大哭，这种状态在精神病学领域被称为“双重极端性格障碍”。

通常，情绪是在思维故事启动时发生，附着在思维故事上的。人不会莫名其妙就有情绪，事出必有因，情绪跟着某个思维故事有关。所以，改写这个思维故事，就可以消除负面情绪，或者将其变为正面情绪。

第一章中讲到过的那位小时候受父亲性虐待的女性，她改写了自己的思维故事："父亲当时也是尽力而为，做他自己认为最好的父亲。现在我已经成年，我可以决定自己的命运，我有更完整的爱，可以去爱自己、爱别人。我不再需要父亲给我爱，甚至我还可以给他爱，因为他也是个可怜的人。"思维故事改变了，负面情绪也就消失了，过去的愤怒、沮丧和悲哀都过去了。她整个人变得平静，可以很平静地看待自己和父亲，也能很平静地告诉别人这段往事，还有很多动力去帮助别人。

回到司马迁的例子。接受宫刑之后，司马迁躺在家里不想出来，没脸见人，这个遭遇比砍头还让人难过，他的思维故事可能是："我遭受到这样的耻辱，真的愧对父亲和祖先。"经过一番痛苦思索后，新的思维故事出现了："曾任史官的父亲去世时对我有一个嘱托，当时的历史记录非常散乱，他编撰国史的志向尚未完成，要我承诺用这支笔继承他的遗志。如果我做到了，我就是光耀祖德的人了。"于是，司马迁忍辱负重，花费毕生时间，完成了《史记》这部鸿篇巨制，把上古传说的黄帝时代到汉武帝年间共三千多年的历史一一记录了下来。

接受宫刑，成为刑余之人这个现实是客观存在的，司马迁每天都得面对，不可能没有坏情绪，但因为他的思维故事改变了，坏情绪也就成了正面情绪，给他以更大的动力去做自己想做的事——撰写《史记》。这也就是第二章提到的目标价值和远离价值，继承父志，实现承诺，光宗耀祖，这是目标价值。如果自暴自弃，可能会被别人可怜，但也远离了目标，这样的远离价值是他不愿意触碰的。

现在，我们要进一步明确两件事：第一，生活中一定会有情绪出现，但情绪只是一个信号和工具，不应该过分追求；第二，生活中有一些事可以改变，也有一些事无法改变，我们要寻找机会去改变生活，也要学会坦然接受。

开心、愉悦、痛苦、失望，这些都只是短暂的情绪反应，是大脑向身体发出的信号。误将信号认作目标去追求，反会背道而驰。以痛苦为例，要达成任何一个长期目标，无一例外都会经历痛苦，目标越大、越难，痛苦期可能也就越长。

喜欢健身的人对此一定深有体会。想要拥有魔鬼般的身材，首先就要做好迎接酸痛的心理准备。肌肉的成长是在一次次分裂再重组的循环过程中逐渐形成的。当你运动的时候，受到一定压力，肌肉纤维会随之撕裂，在之后的休息过程中，肌肉纤维会修复重组，长成更大块的肌肉。受到撕裂的肌肉纤维越多，修复程度越大，重组后的肌肉也就越壮硕。

正因如此，每当我们完成训练，第二天就会明显感受到练习部位的酸痛和肿胀，这其实是一种信号，身体准确地告诉你哪些肌肉正在成长。阿诺·施瓦辛格对自己第一次健身锻炼的情况记忆犹新，那一幕仿佛就发生在昨天。

当时，年轻的阿诺·施瓦辛格骑自行车去健身房，那里离他住的奥地利小村庄有八英里。他用了哑铃和其他一些健身器材。健身房的伙计警告他，这么做会很酸痛，阿诺·施瓦辛格没有听。锻炼结束后，他骑车回家，结果因为太虚弱，手根本把不住车头，腿也像面条一样软，竟然从车上摔了下来。他整个人都是麻木的，耳朵嗡嗡作响，只好推着自行车，往前走了半英里，试着再骑一次，却又掉了下来，最后只好老老实实推着自行车走回家。

阿诺·施瓦辛格后来回忆这段经历时说："这是我第一次接受举重训练，我为此而疯狂。"话虽如此，当他第二天早上起来梳头的时候，甚至连胳膊都举不起来。每次尝试，酸痛感都会像针一样，刺穿他肩膀和手臂上的每一块肌肉。他试着喝咖啡，竟然洒得桌上到处都是。那一刻，他非常无助。

不过，阿诺·施瓦辛格没有为身体的不适而烦恼。当他强烈感受到自己身体发生了新变化后，他很兴奋。他说，这是他第一次感受到自己所有的肌肉，第一次意识到自己的大腿、小腿和前臂不仅仅只是四肢。他认识到这就是健美——一个唤醒身体并开发潜能的项目，健美让他知道自己是时候成长了。

阿诺·施瓦辛格还分享过一个健身心得：每组训练做到最极限的时候，他都会告诉自己再做一次，只有这样，肌肉才更容易受到刺激，肌肉纤维的撕裂才能更充分，更容易重组。这种魔鬼式训练是不小的挑战，一开始，他甚至常常训练到呕吐，但吐完之后还是会坚持下去。

拳王阿里也是如此。有人问他："作为大家公认的最伟大的拳击手，你平常的训练强度一定很大，请问你做多少个俯卧撑，才会开始有肌肉酸痛感？"阿里笑笑回答："我是在感觉酸痛后，才开始计数的。"和阿诺·施瓦辛格一样，他也明白肌肉是非常聪明的，一旦适应了，就很容易进入停滞期，酸痛感也就渐渐消失。想达到目标，就得不断挑战自己，让身体持续产生酸痛的信号。

同样的道理，如果只是为了短期拥有好的情绪，那就未必能达成长期的目标。健身界有一句非常著名的话，“No Pain，No Gain”，没有痛苦就没有收获。如果不想要酸痛的感觉，那肌肉就不可能有任何的成长。这句话适用于绝大多数有关成长的话题。无论哪一种成长，都会经历困惑、挫折乃至失败，也会遭受痛苦，在这之后，你会变得更加强大。一味地避免坏的情绪，也就失去了成长的机会。

说到这里，也许你会更加明确，以往很多有关幸福的定义是错误的。我们追求的很多东西看上去好像能让自己获得“幸福感”，但其实获得的只是短暂的情绪。追求情绪是无意义的，因为情绪只是信号和工具，它只是提醒我们接下来可能要做的事情，就好像健身时的酸痛感并不一定是告诉你要停止运动，而可能是提醒你不妨再接再厉，如果再进行一组训练，那就可以让肌肉获得更好的成长。

信号没有好坏之分，无论是好情绪还是坏情绪，都只是通过大脑告诉我们，现在你有机会做一个选择，可以利用这些信号知道选择的时机来了；而不是说，信号来了，我就要留住这个信号，或者逃避这个信号。

追逐信号是本末倒置，尤其是好情绪维持的时间往往非常短暂，没了，又得去追，又没了，再去追，就像购物，连续不断地买买买，停下之后，只会让人厌倦、空虚。我们要更客观和全面地看待成长中的痛苦或相应的坏情绪，虽然它们会让你不太舒服，但却是成长的一部分，是一种成长的信号，理解和接纳它们，你会成长得更好。

第 2 部分

建立正确的期望

第 1 节　期望与幸福的关系

之前，我们更多地是从生理学的角度解释情绪产生的机理。现在，不妨从心理学的角度来探讨一下。

简单来讲，一件事令你觉得开心或不开心的参照标准是什么呢？

答案是：你的期望值。

所谓期望，是指人对某件事提前勾画出的一种标准，达到了这个标准即是达到了期望。所以，一件事的现实结果等于或超过期望值的时候，我们就会产生好情绪，如开心、兴奋等；当低于期望值，则会产生坏情绪，比如失望、沮丧等。比如，两个学生，一个成绩好，一个成绩差。成绩好的那位期望满分，最后考了 90 分；成绩差的那位只期望及格，最后考了 70 分。从结果上看，90 分肯定比 70 分好得多，可成绩好的学生非常失望，成绩差的学生却很高兴。根本原因就在于他们对成绩的期望值不一样。

这种情况现实中比比皆是，情绪的好坏变化，大多来自于此。凭借计算机和互联网等科技的飞速发展，人类已经步入了信息化时代，由此带来的生活便利性也越来越突出。我们只要点击一下手机屏幕，就能随时随地获取全世界最新的资讯，搜索到自己所需要的任何信息，同时也可以与所有人分享生活中的点点滴滴。当信息获得和交换的边界扩大到全球之后，与之相应，人们对于各方面的期望值也在不知不觉中被外界影响了。

前文曾提到过，现在人类正处在有史以来最和平的时代，物质与医疗条件远超过去，人类的平均寿命逐年增长，死亡率降到了历史最低，但这个“最好的时代”反而催生出了或许是人类历史上最严重的焦虑。

眼花缭乱的奢侈品、全球各地的珍馐美馔、帅气靓丽的时尚达人、叹为观止的景观风物、最尖端的科技……似乎围绕在我们周围的就理所应当是最好的，我们希望自己可以一直年轻，一直精力充沛，一直快乐，一直丰富多彩地活着，希望家人可以永远健康、平安、快乐。但很显然，这不可能。我们其实生活在一个巨大的谎言里，无常的东西被形容为永恒，期望值深受外界影响，现实很难如想象般美好。

任何生物都会生病、老去、死亡，一切都无法避免。既然生老病死是不可回避的自然规律，那么你无论再怎么努力，也不可能达到这个期望值，既然达不到，就必然会产生坏情绪。因此，我们必须要接受一些事实，那就是每个人都生活在一个既有好情绪又有坏情绪的世界里，有些事情不可改变，但另一方面，我们也有机会去改变我们可以改变的事情。

有钱就一定幸福吗？我接触过很多身家十亿美元以上的富翁，他们几乎没有一个人因为自身所拥有的巨额财富而感到永远幸福，他们也无可避免会产生各种烦恼，有的人因为身体疾病而备受折磨，有的人因为家庭矛盾而痛苦不堪，有的人为了把事业做得更大而费尽心力，无暇享受已经获得的一切……

社会学家曾经做过一个研究，当薪资收入无法满足基本生活的时候，人们肯定非常焦虑，但当收入到达一定水平线后，幸福感与金额便不再呈线性关系，继续增加收入，人也不会感觉更幸福。这个研究结果具有普适性。

中国人常说“知足常乐”，把期望值放低一点，更容易开心。其实，这样做也有问题。如果不设期望值，或者期望值过低，只活在舒适区里，同样不会成长。

更为正确和客观的态度是，即使受到外界的影响，也一定要将对期望值的选择权拿回自己手上。设定这个期望值的权力应该属于你自己，而不是外界。你当然可以从外界拿很多信息作为参考，但归根到底还是要自己做决定。

比如，很多人搞不清楚自己到底要赚多少钱。一个亿？这是别人的小目标。你有没有想过，要过上自己想过的生活，到底需要多少钱？很少有人会花时间去认真计算。如果你算过，可能就会发现，其实并没有想象中那么多。不管多还是少，一旦这个数字是清楚的，你的目标也就清晰了。达成这个数字，你就实现了财务自由，也就是说，你不需要再担心钱，不用再为钱而工作。

期望值与情绪的关系非常密切。期望值过高，实际却做不到，就会产生传统的坏情绪。当然，这种坏情绪，完全可以转化成为正面情绪。

为什么这么说？我们继续拿考试来举例，第一个人给自己定了一个目标，要考到80分，最终只考了60分；第二个人的目标是家长定的，要考到70分，最终也考了60分。同样的分数，都没达到既定目标，情绪肯定有点糟糕。但对第一个人来说，这更可能是一种正面情绪，因为目标是他自己思考后定下的，现在为什么没做到，哪里还没学好，是不是该去请教老师，是不是要针对性地上补习班，是不是要再花时间练习……他内心可能会由此产生更大的动力，推动自己反复学习钻研。而对第二个人来说，因为目标不是自己定的，达不到会被家长骂，所以他更可能选择逃避，得过且过。

期望值本身不是一件坏事。定得低，轻松达标，意味着没有成长；定得高，难度大，达不到也容易失望。期望值设置得是否合理非常重要，而期望值一定要由我们自己来设定，这点更加重要。

第2节　西方的豁达：自我剖析

1935年6月10日，美国退役士兵比尔·威尔逊和鲍勃医生于美国俄亥俄州阿克伦共同创建了“匿名酗酒者协会”。这是一个自愿互助性组织，所有想要戒酒的人都可以无条件加入协会，且不用缴纳任何费用。在这里，成员们交流自己的酗酒经历与戒酒方法，相互支持鼓励。现在，该协会已经发展成为一个世界性的戒酒组织，在全球一百八十多个国家设立了分支机构，有近十二万个分会，尤以亚洲、欧洲、拉丁美洲的发展最为迅速。

酗酒是一种过分追求满足与快感的行为，是“追求好情绪信号，逃避坏情绪信号”的典型代表。酗酒者往往无法自我克制，明知故犯，自暴自弃，渐渐会把饮酒看得比其他任何事都重要，对酒精达到了高度的心理依赖，认为必须通过增加酒精摄取，才能达到预期效果。他们希望通过酒精来达到一种理想中的身心状态，沉溺于酒精麻痹所带来的舒适与满足。而酒醒之后，快感和幻觉全部消失，心理落差反倒更大。怎么办？那就继续喝吧。于是，很多人陷入了恶性循环。

为了帮助酗酒者戒除酒瘾，匿名酗酒者协会采用了很多方法，“重设期望，接受现实，道德重塑”这十二个字就是其中的精髓。认清并接受“自己对酒精已是欲罢不能”这个现实，就是改变的第一步，“平静”的心态是良好判断的首要条件。然后，承认自己对于一塌糊涂的生活已经无能为力；在此基础上，做一次彻底和勇敢的自我反省与深刻检讨，承认自身的一切缺点与不足，对所有伤害过的人深感愧疚，以及自己迫切想要回归日常生活的决心，将这一切化作“动力”，使自己在任何情况下都保持思维清醒和情绪稳定。

匿名酗酒者协会还引用了雷茵霍尔德·尼布尔所作的堪称 20 世纪最著名的祷告文：

请赐予我平静（Grant me the serenity），

去接受我无法改变的事情（to accept the things I cannot change）；

请赐予我勇气（Grant me the courage），

去改变我能够改变的事情（to change the things I can）；

并赐予我智慧（and grant me the wisdom），

让我能分辨这两者的区别（to know the difference）。

首先，你要接受现实，例如之前受到的一些挫折或伤害，既然是事实，那就都得接受。然后，你要有新的期望值，也就是找到可以改变的东西，但都要靠自己来设定，不能随便交给别人。之后，协会也鼓励你寻找别人的帮助和支持。

接受现实这一步是很痛苦的。因为酗酒，你的情绪可能大起大落，可能跟伴侣闹离婚，可能把工作丢掉，可能借了朋友不少钱……这些你都得接受。然后，把期望值重新设定成：“我要保持情绪稳定，我要重新赢得家人和朋友的信任，我要赚到钱还清债务……或许，一个月、两个月没起色，一年、两年也还没达到，但没达到带来的坏情绪反而会成为帮助我达成目标的正面情绪，让我有秉持不断的动力继续前进。”

时至今日，匿名酗酒者协会以其独特的戒酒方案成功帮助上百万酗酒人士彻底摆脱了酒精依赖。许多名人都参加过匿名酗酒者协会，例如知名演员小罗伯特·唐尼、托比·马奎尔、流行歌手埃尔顿·约翰、吉他之神埃里克·克莱普顿、超模凯特·摩丝、娜奥米·坎贝儿等。

为了学习匿名酗酒者协会的模式，我参加过多次他们的会议。这些会议都是对外公开的，任何人都可以参加。一开始，他们会介绍 12 步改变流程。然后，在场每个人都有机会站起来分享自己的故事。虽然有时候也会点名，但你可以自由选择，当你摇头拒绝，他们也不会强迫你。

有一次，一位貌似有六十多岁的墨西哥裔男士站起来分享。他戴着一顶圆帽，留着长辫子，说自己叫约翰，也是一个酒鬼。

“我记得在我年轻的时候，一个阳光明媚的下午，我和一群伙伴去户外烧烤，一边吃烤肉，一边喝啤酒，还有漂亮女孩子在旁边陪伴。那种感觉真的太好了，我希望可以和这些兄弟姐妹过一辈子，可惜现在他们很多已经不在了，有的因为吸毒去世，有的因醉酒驾驶出车祸，有的在坐牢。……我很想念那段时光，但已经一去不复返了。一开始是因为大家聚会非常开心，喝上两杯，成为美好回忆的一部分。之后我想要通过酒精，找回过去美好日子的感觉，但背道而驰，越陷越深。最初，我很不在意，觉得喝酒没什么了不起的。我有妻子和两个孩子，有房子也有积蓄，但没过几年，妻子离开了我，大儿子也进了监狱。但我还是不在意，觉得还有朋友，他们那里有各式各样的毒品。我记得很清楚，有一次我吸食了很多，昏昏沉沉地走在路上，竟然直接倒下去了，醒过来后才发现已经在监狱里……”

讲到这里，他眼睛红了，停顿了一下，继续说：“其实我很庆幸当时能进监狱，不然我很可能不会站在这里和你们说话了。在监狱里，第一次有人告诉我匿名酗酒者协会这个组织，告诉我有问题应该接受他人的帮助。之前我从来不愿意接受别人的帮助，我觉得我不需要，但这次我意识到，如果我不做出改变，可能就活不下去了。通过参加匿名酗酒者协会的会议，通过辅导师的帮助，我很高兴地告诉大家，我已经戒酒三年了，已经清醒三年了！”

现场顿时响起一片热烈的掌声。

“当时，我的辅导师对我说，老的思维、老的习惯一定会找上你的，你必须准备好，如果来了，我告诉你一个办法。后来我真的用上了。就在我戒酒满两年的时候，有一次老板生日，邀请了所有员工，有吃的，有喝的。老板一定要我也喝两杯，我端起酒杯时，突然想起了当年辅导师教过我的方法。这个方法就是，当我即将走出那一步的时候，内心会有一个很轻的声音叫我别去，说这样做是不对的。辅导师让我一定要训练聆听自己内心的声音，碰到这种情况，赶快到一个安静的地方，坐在那里，把内心那个声音放大，直到重新找回自己，直到恢复清醒和理智。那一刻我很庆幸，我马上跑进洗手间，坐在马桶上，放大内心的声音。”

这个案例非常清楚地告诉我们：人为了追求好的情绪，反而可能越陷越深，最后失去一切，而在最低谷的时候还是有机会认识现实，并且承认和接受现实，重新设立自己的思维故事。我们还要认识到，老的思维故事其实还存在，必须不断培养新的思维故事、弱化老的思维故事，直到新的思维故事可以主导我们的人生。

第3节 东方的智慧：自我观察

说到古老的东方智慧，就不得不提到释迦牟尼。在佛陀看来，人的痛苦来源主要有两方面：一是渴求（即贪），一是厌恶（即嗔）。

佛陀认为，获得“渴求”，回避“厌恶”，都是执念。情绪无论好坏，都是无常来了就注定会散去，然而我们就不断地去寻找快乐，去追逐；就算拼命地逃避，尽全力想避免痛苦，也难以如愿。这就是佛陀常说的“苦海无边”。

释迦牟尼本是古印度北部小国的王子，从小住最豪华的宫殿，吃最美味的食物，享受最好的一切。若以情绪的好坏作为标准，释迦牟尼在出家前就已经完完全全在享受幸福了。

但是，后来大家都知道，在他外出巡游的时候，分别见到了生、老、病、死四个现象，发现眼前的现实世界与父王为他从小营造的“幸福世界”严重脱节，他非常痛苦。于是，释迦牟尼下定决心，要找到解脱之法。他先是花了六年时间苦修，一开始一天吃一顿粗粮，到后来七天才吃一顿。他的身体变得非常瘦弱，到最后只剩皮包骨。

可以想象，长期的饥饿给身体带来的肯定是非常痛苦的感觉，由此产生的肯定是坏情绪。他想通过这些痛苦来锻炼自己，但这样的修行方式其实是在用意志压制自己的情绪，还是没能使自己突破瓶颈。

这时，他开始觉得苦修似乎并非是获得解脱的最好方法。随后，他接受了牧牛女供奉的乳糜，恢复了饮食，然后到尼连河（即现今的帕尔古河）洗了个澡，把积累多年的污垢清洗干净后，渡河来到对岸的菩提伽耶，坐在一棵菩提树下，并许下承诺——不成正觉，誓不离座。顿悟之下，释迦牟尼实现了涅槃，成就了传诵至今的东方智慧。

翻阅历史上那些成功者的传记，你会发现，他们每个人都有属于自己的人生意义。在实现人生意义的大前提下，很多人愿意放弃短暂的好情绪，最大程度地接纳和拥抱坏情绪，他们认识到，这是达成人生意义过程中必经的一部分。

从思维故事的角度来看，每个人的人生意义就是他一生中最重要的思维故事，就好像当年的佛陀，他的人生意义是要找到解脱人生痛苦之法。为此，他选择了用最痛苦的方式来修行。身体和外界有那么多的信号在叫他停止和放弃，为什么他还有这么大的动力，去接受这么多的痛苦？因为他有一个人生最重要的思维故事，就是人生意义，让他可以接受这条路上所有的坏情绪，甚至觉得这是必须的。

由此可见，当你真正明确了自己的人生意义之后，会愿意为此舍弃好情绪，接受坏情绪，因为无论好情绪还是坏情绪，它们都只是一种信号、一种工具，来帮助自己达到人生意义。换个角度来说，只有当一个人真正找到人生意义、人生价值的时候，才会愿意为此做出牺牲。

第3部分

寻找人生意义

第1节　人生最重要的思维故事

每一个人都有能力改变自己的生活，也完全有机会去制定人生中最重要的思维故事——人生意义。

世界上有很多亿万富翁，白手起家，出身贫寒，历经人间疾苦，在创业的过程中更会历经无数失败，有时穷困潦倒，甚至颠沛流离，但仍然可以咬牙坚持。最重要的原因就是他们都创造了自己人生中最重要的思维故事——人生意义，给自己的整个人生奠定方向。他们在人生意义的支撑与引导下，把情绪视为信号与工具，用来帮助自己达到人生目标。

一个人真正拥有了自己的人生意义，才能做到“牺牲”，为了一个长期目标放弃短期的快感，甚至承受痛苦。它的重要性可以凌驾于其他一切。为了它，我们可以什么都不要，抛开无谓的享乐，不再软弱和懒惰，压制欲望和需求，甚至放弃自己的生命。

生物学研究表明，生存与繁衍是生物两个最基本的需求。让自己存活，让自己的基因延续传递，这是铭刻在我们生命中最根本的生物本能。这种本能非常强大，但很多人会为了人生意义而放弃生命。就像美国独立战争中那些为自由与独立奋起反抗殖民统治者的战士，以及抗击外国侵略者的中国英烈，这些人都是崇高的，他们将国家的独立、民族的解放、人民的自由、正义与和平这样的思维故事作为自己的人生意义，为此奋勇拼搏，不惜牺牲生命。

除了原始的本能，人还有七情六欲，想要得到身心的满足，同样，为了实现人生意义，也会有人放弃这些与生俱来的欲望。很多笃信宗教的信徒会严格遵守教义教规，遵循戒律。比如信仰佛教的人，真的可以一辈子吃素，没有怨言。宗教中人往往还得根绝一些俗世欲望，特别是性欲，比如佛教里的和尚、尼姑，还有西方某些宗教的教士，这样的人不仅不会留下后代，更不会和异性发生关系，他们将这种断绝欲望的修行视为自己的人生意义，在漫长的一生中抵抗诱惑，接受痛苦，践行修炼。

心理学上的“延迟满足”，是指为了更具意义的长远价值，愿意放弃短期的满足，并且在等待过程中有控制自我的能力。绝大多数人都知道，要想真正达成一个长期目标，做成一番大事，必须做出一些牺牲。牺牲具体指什么呢？就是放弃短期的快感和好情绪，用这些来换取长期想要的结果。在这个过程中，可能会遭遇挫折或失败，经历沮丧和痛苦，但为了人生意义，你愿意接受。

拥有人生意义后，可以按照这个思维故事去努力，帮助自己达到超越情绪层面的真正的幸福。一个没有人生意义的人，完全做不到这点。

第 2 节　少了四肢也能抓住幸福

我在白宫任职的时候，有一段经历让我印象非常深刻。我们一行人来到著名的美国军方专用医院——瓦尔特·里德医院，去看望那里的病人。

当时，那里大多数的病人都是从伊拉克战场、阿富汗战场负伤归来进行医疗康复的士兵。在阿富汗战场上，与美国军队交战的塔利班武装部队更多使用游击战，善于布置各类陷阱，比如简易爆炸装置，通俗讲就是在路边埋地雷，制作简单但威力巨大，是非对称作战时常常选择的一种战术，给美军造成了不小的伤亡。

在医疗技术不够发达的过去，踩到地雷，或是被炸药伤到，可能都救不回来了。但以现在的医疗技术，只要及时进行手术，即使被炸得缺胳膊少腿，也仍然有机会活下来。瓦尔特·里德医院的医疗技术在美国可以说是相当领先的，就算炸掉或截去了身体的一部分，比如手脚，也可以通过先进的科技再造出匹配的义肢。虽然需要较长的时间，但身体方面的治疗相对来说还不算是难点，更重要的问题在于心理治疗。战后回归的士兵会有巨大的心理创伤，如何帮助他们解决心理问题，重新踏入社会，才是康复治疗的重点。

"创伤后应激障碍"（简称 PTSD）指个体经历、目睹到一个或多个涉及自身或他人的严重受伤、实际死亡，或受到死亡威胁后，延迟出现和持续存在的精神障碍。在那里，我们见到了很多受 PTSD 困扰的人。

在战场上目睹死亡，或受到极大的死亡威胁，再加上当时非常强烈的情绪，这些画面会深深印刻在士兵的脑海。事后，只要听到很响的声音，很多病人就会惊慌，因为会联想到战场上的声音；看到别人开心的笑容，病人可能就会内疚，因为最亲密的战友牺牲了，他们也曾经有过这么灿烂的一刻。一个个这样的思维故事涌现出来，会引发一次次的负面情绪。所以，医院不仅要花很多时间帮助他们进行生理、物理治疗，包括学习使用义肢进行生活等，更重要的是要帮助他们改写自己的思维故事。

在这里，我遇到了一位与众不同的病人。他是一个很年轻的、二十出头的小伙子，将自己打理得很好，眉清目秀的脸上流露着自然的微笑，性格很开朗，一点都没有颓废阴郁的样子。他当时躺在床上，身上盖着薄薄的毛毯。我观察到，盖在他膝下腿部的毛毯下面似乎是空的，他的腿可能已经不在了。后来，他又伸出手臂。我才发现，他肘部以下的部分也被切除了。

虽然瓦尔特·里德医院里有不少截肢的病人，但四肢都被炸毁后还能存活的人很少见。眼前的场景震撼了我，我从未见过这样的人，在原本最有活力、最有冲劲、充满希望与梦想的年纪失去四肢无疑是一个噩耗，甚至可以完全摧毁一个人活下去的信念。这种绝望和打击难以估量，造成的痛苦更是我们无法想象的。

但就像我看到的那样，他本人似乎并不在意，还非常自然风趣地我们交谈。他和我们说了很多，也提到了自己的过去，当他发现自己还活着却没手没脚的时候，确实非常绝望，甚至绝食，一心求死。后来，他改变了，开始重燃活下去的希望，再一次充满了活力，因为他觉得自己找到了非常重要的人生意义。在医院的康复治疗中，他发现自己可以给研发人员很多的反馈和信息，可以帮助科学家进一步改进义肢的技术。他认为自己仍然可以做到非常有价值的事情，用自己残疾的身体去帮助更多的人，这件事意义非凡。这就是他新的人生意义。

我们听了他的一席话后，非常感动。当他说到新建的人生意义给了自己第二次生命，让他觉得一切痛苦都微不足道的时候，年轻的脸庞上流露出充满希望的笑容，温柔的眼神中透着令人敬佩的坚强。

这时，来了一位护士，说他的理疗要开始了，把他从床上搬到了轮椅上。这个男生非常开心地跟我们介绍，眼前这位年轻漂亮的护士，其实是他的未婚妻。我们都很惊讶，那个护士的脸上也一下子起了红晕，害羞地侧过脸去。年轻人接着说，自己非常幸运，能够拥有这么漂亮的未婚妻，还开玩笑说，要不是因为受伤，也不会来到这里，不会遇见自己的未婚妻，真是因祸得福。

与我同行的人问那个护士是怎么喜欢上这个年轻人的。她说，即使经历了这样的灾难，他仍然可以积极向上、保持乐观，这一点感动了自己，在他的身边，自己可以时刻感受到积极的精神与希望，也有了更多面对人生磨难的动力。

这个年轻人没有了四肢，却比大多数四肢健全的人活得更为真实。他的乐观、自信、坚持，源自他为自己定下的人生意义，这个思维故事不仅帮助他重新面对人生，也影响了周围的人。

当你没有自己的人生意义时，很难拥有真正的幸福；当你定下了自己的人生意义，并且坚持不懈地为之奋斗的时候，即便失去了之前的一切，依然有机会获得满满的幸福。

第 3 节　找到真正的幸福

找到自己的人生意义，是获得幸福唯一正确的途径。如果没有这个人生最重要的思维故事，人就会容易只盯着情绪信号，陷入一味追求快感的困境。比如，什么好吃就不停地吃，出去玩很舒服就拼命地玩，吸毒感觉好就去吸毒……明明对我有帮助的事，但如果没有舒适感，就不做，比如知道健康饮食很好，但口感没垃圾食品好，知道健身对身体很好，但这让我很累……现在，很多年轻人都是这样浑浑噩噩地虚度着年华，不停去追逐那些会让自己产生快感的情绪信号，片刻享受之后，很多人都觉得空虚。

我们每个人都有机会和选择去收获幸福，建立自己的人生意义。就像雷茵霍尔德·尼布尔的祈祷文所说的，幸福就是接受不能改变的东西，改变能够改变的东西，用人生意义作为分辨两者的智慧。我们要以平常心去对待情绪，不要刻意追求好情绪，也不要刻意回避坏情绪。情绪是信号，不是目的。它可以告诉我们，现在离人生意义更近了，还是更远了。情绪是工具，是推动我们前进的动力。

向着人生意义不断前进的过程中，可能会有达到阶段目标的喜悦，可能会因为遭遇挫折失败而失落沮丧，但我们还是会感到幸福，因为距离人生意义越来越近。这些情绪无论好坏，都是过程中的一部分，都是点缀人生意义的一部分，都是组成幸福的一部分，都是有价值的。

不断地向着自己的人生意义进发，这就是真正的幸福。于是，我们就能够理解，有些人一辈子都在做着看起来会让自己痛苦的事，却很开心，因为他们有人生意义，有人生目标。

比如阿诺·施瓦辛格。他在从事健美事业时每天要运动 4 小时到 5 小时，很多次都会练到想吐，但就算吐了，之后还会继续练。其实每天运动这么长时间是一件非常痛苦的事，但因为他有保持自己体魄的目标，这是他人生意义的一部分，就能支撑他坚持下去。不让自己去片面追逐好情绪，也不让自己去刻意逃避坏情绪。

有些人喜欢攀登，他的人生意义是能够接受任何大自然和身体带来的挑战。世界最高峰珠穆朗玛峰，海拔 8 千多米，极度缺氧，山形地势险峻，天气变化莫测，要登顶，何其痛苦。但当你站在峰顶，回看来时路的时候，不管开心还是痛苦，都是这条幸福之路的一部分。真正能支撑登山者走到终点的是一个个目标，以及目标背后的人生意义。

第 4 节　撰写墓志铭

怎么找到人生意义呢？

我曾经访问过杜兰大学，这所大学位于美国南部路易斯安那州的新奥尔良市，是一所历史悠久的私立大学。我当时见到了杜兰大学的前校长斯科特·考恩，听他讲述杜兰大学近十多年来发展的一些往事，受到了很大的触动。

2005 年，百年一遇的卡特里娜飓风席卷美国南部，整个新奥尔良成为一片泽国，居民伤亡惨重，学校也受到重创，大部分建筑被淹没在水中，学生不得不被迫停课。

斯科特·考恩表示，自然灾害谁也无法预料，没有了基础设施，没有了网络，学校彻底陷入了瘫痪。但从另一个角度来看，飓风也给了杜兰大学一个“重塑自己”的机会，我们不仅要重建学院，更要把这次灾难当成一次契机，将杜兰大学真正变成一所一流的精英学校。

在重建初期，为了解决校舍问题，他甚至租了一艘游轮停靠在海边，作为课堂和宿舍，以保证学生们不耽误课业。同时，他也大刀阔斧地对学校做了彻底的改革——保留那些最好的专业和最好的资源，不具有竞争实力的则选择暂停或彻底淘汰。

谈到为什么要这么做的时候，斯科特·考恩说，因为这对他来说是一项神圣的使命，是自己人生的意义所在！很少有人认真思考过自己的人生意义是什么，绝大多数人甚至不太明白为什么要思考人生意义。那所谓的人生意义到底应该如何确立呢？斯科特·考恩建议，我们可以亲手撰写自己的墓志铭！

通常来说，人在去世之后最常留下的文字有两类，一类是讣告，一类是墓志铭。讣告刊登在报纸上，内容会多一些，而墓志铭限于墓碑的面积，字数不会太多。一个人无论活着的时候多么成功，逝世之后，墓碑上也就只能写为数不多的几句话，寥寥几句即可精准地概括一生。

斯科特·考恩认为，练习撰写自己的墓志铭是一个非常好的寻找人生意义的方式。你去世之后，想在墓碑上写的话，就是你活着的意义。他还表示，越年轻的时候写，就越能认识到自己的人生意义是什么。

所以，自大学开始，斯科特·考恩就开始尝试撰写自己的墓志铭。刚开始，他不知道该写些什么，因为对于自己的人生意义完全摸不着头脑。好在他当时清楚地知道自己不要什么，不希望以后刻在墓碑上的内容是哪些，从哪个学校毕业，获得什么学位，在哪个公司担任高管等等，在他看来，这些并不怎么重要。

那重要的是什么呢？斯科特·考恩说："我后来逐渐认识到，不断成长、提升以及给别人带来价值，对我来说是最重要的。"因此，他就把这定为自己的人生意义。在任职杜兰大学校长时，他贯彻践行自己的人生意义，以求为学校和师生带去更大的价值。

经过多年的重建和改进，在《美国新闻和世界报导》杂志 2013 年评选的"当年进步最快大学"中，杜兰大学排名第 12。2017 年，在其美国综合大学榜单上，杜兰大学排名第39，一举成为美国南部最好的研究型私立大学之一。杜兰大学的进步和斯科特·考恩的贡献有着密不可分的关系。

这次访问给我的感触很深，在此之后，我也开始尝试提笔写自己的墓志铭。经过几年的回顾和修正，现在，我清楚地认识到，自己对人生的定义会是这么几个方面：

第一，了解这个世界最真实的一面。

第二，不断地自我成长与提升。

第三，付出和分享。

这就是我的终极使命，也是我的人生意义所在。

所以，我现在的墓志铭是这么写的：The purpose of my life is to be beautifully awakened，enjoy unlimited growth，and do great good for myself and others. 翻译成中文，意思是：我的人生意义是美好地觉醒，享受无限的成长，为自己和他人做伟大的善事。

很多人练习写墓志铭，一开始会遇到几个常见的问题，例如觉得没东西写，写出来也不知道是不是对了。其实，人生意义是我们一辈子都在追求、不断接近但又不能完全达到的。那些创立新国家的政治家及开国元勋的人生意义可能是“创立一个心目中的理想国”，但立国只是一个开始，新国家百废待兴，还要不断建设和成长才能变得强大，而强大也不代表所有事情都能达到完美和符合理想……所以，我们可能这辈子都达不到自己的人生意义，但人生意义下订立的人生目标是有机会达到的。

每次写完墓志铭，你可以大声读出来，如果写对了，你的身体肯定有感觉，会产生动力，给你正面情绪。不断练习写墓志铭，你的身体会告诉你答案。

第5节　寻找自己的热爱

可能有很多人会说，我写了墓志铭，可还是找不到自己的人生意义。在这种情况下，你可以先做另外一个练习——寻找热爱。

在这方面，苹果公司创始人史蒂夫·乔布斯提出的“点理论”很有指导意义。

史蒂夫·乔布斯曾经就读于美国俄勒冈州的里德学院。退学以后，他并没有完全离开学校，而是又上了很多的课程，其中有一门课程对他之后创业产生了不小的影响，那就是美术字课程。他曾经在演讲时提到：“正因为对美术字的热爱，促使我下决心去学习这门课程。当时看起来好像没什么用，但是如果我没上过这门课，十年之后的苹果电脑里可能就不会有这么多漂亮、独特的字体。”

史蒂夫·乔布斯后来提出了点理论。他建议年轻人抓住一切机会找到自己的热爱，学习各种感兴趣的知识。也许一开始只是出于个人爱好，看不出其中任何的关联性。但是，当人生之路慢慢铺展开，你就会发现，这些点其实都有机会能够连接起来，逐渐让人生的蓝图变得清晰有规划。

只要细心挖掘，绝大部分人都能找到自己的热爱。那怎样才能确定自己的热爱呢？热爱所引发的正面情绪会准确地传递到我们身体的某些部位，通过感知身体的反应，你可以敏锐地捕捉到它。你真的热爱一样东西，你的身体会告诉你的。

当你找到热爱之后，就尽可能多去了解和尝试，正如史蒂夫·乔布斯所说，哪怕这些事情暂时来说并没有多大意义，但其实已经埋下了一个个的点，最重要的是仔细思考这些点之间和之后有哪些关联点，然后逐渐把它们构建成自己的人生意义，成为一张完整的蓝图。

值得注意的是，随着社会变化速度的加快，我们不需要仅有一个热爱。在未来，由于行业交叉结合机会增多，越来越多的国家将逐渐形成“零工经济”（gig economy）的模式。

这是什么概念呢？

几十年前，一个人可以在一个单位工作一辈子。美国也一样，在一家大的企业持续工作几十年以上的人有很多。现在这样的情况越来越少。未来，在一个人的职业生涯中，有机会从事不同专业的工作会成为常态。你可能做几年工程师，再做几年作家，然后又从事其他不同的工作。

我曾经见过一位很成功的美国企业家，他最初是在一个广告公司做高管，接下来他看到保险领域有商机，就创立了一家保险公司，然后把保险公司卖掉，现在又在做房地产生意。

还有一个非常典型的例子就是唐纳德·特朗普。众所周知，在成为第45任美国总统之前，他是一位成功的商人，经营着数家大型企业，涉及房地产、赌场、高尔夫、电视、选美等行业。除此以外，他还出版过书，担任过知名真人秀节目《学徒》的主持人等。

可以说，未来像唐纳德·特朗普这样，在职业生涯中先后甚至同时从事几种不同职业的人将会越来越多，每一个人都有机会拥有多元化的工作体验和职业生涯。对每个人来说，最重要的就是挖掘和尝试各种不同的热爱，然后结合成自己的人生意义，去做自己想做的事。

我自己就找到了两个热爱。

第一，成为中美之间的桥梁。

我生于中国，10 岁随父母移居美国。这段特殊的成长经历使我对这两个国家都非常热爱，也愿意成为中美之间沟通、交流和合作的桥梁。

一开始，我在英特尔从事高科技行业时，并不想成为中国通，只想做和改变世界有关的产品。后来，公司问我愿不愿意去中国，我仔细想了想：每次回到中国有机会建立中美间的联系和创造互动，探索中美间的差异及其成因，内心的感觉是很开心的，我的身体告诉了我，这是值得的，我愿意这么做。理智一开始告诉我不要做这件事，但身体告诉我这是我热爱的。不管在英特尔从事高科技产业还是之后创业做金融投资，都是成为中美之间的桥梁的体现。

第二，不断成长，将经验分享给别人。

从前我一直觉得自己知道很多，但当我休息一年，深入学习各方面知识之后，才发现自己知道的东西原来这么少。我开始明白这就是成长，也想清楚以后该怎么走了，那些过来人帮助了我，我也非常乐意和喜欢去帮助别人。这也是为什么我先后做了几百个线上线下的活动，去中国40多个城市，虽然辗转奔波，但仍然乐此不疲的原因所在。

如果你一时之间写不出人生意义，或者写出来后身体没有感觉，那就花时间去尝试一个个不同的东西，直到找到热爱。尤其年轻时，可以做很多尝试。当你发现，一做某事，身体就有感觉，兴奋无比，不管受到多大的挫败，无论情绪好坏，都能将之变成正面情绪，成为动力的时候，你就找到了你的热爱，这背后隐藏着的就是你的人生意义。

人生意义和热爱是互为关联的。种下一个个“热爱”的点，终有一天，它们会连接起来，启发和指引着你找到人生意义；当人生意义明确了以后，它又会成为指南针，帮你把那些隐藏的点挖掘出来。

确立了人生意义，接下来就是在这个框架下，设立自己想要达到的一个个目标。比如，我现在的一个目标是要把“宇沃资本”做成“走出去”家庭最好的投资与成长同伴，另一个目标是将近几年学习和实践的心得结集出版，分享给大家。在做这两件事的过程中会遇到各种问题，产生挫败、沮丧、失望等各种坏情绪。然而，在人生意义的大框架下，尤其当你非常明确了自己为什么设这些目标之后，这些坏情绪会变成正面情绪，成为动力，激励你坚定地朝着目标努力前行。

阶段性目标是会变化的。我之前做高科技，现在做投资，之后还可能会去做其他的事情。目标会变，但意义不变。找到热爱及其背后的人生意义，写下墓志铭。每当你读出来时，身体就会有感觉，你找到了人生意义，它将一辈子推动你往前走。

去寻找自己的热爱，并且不断地进行尝试吧。如果暂时确定不了自己的人生意义，那就不妨先从小处着手，发掘自己的兴趣和热爱，埋下一个个点之后，终有一天，它们会被连接起来，形成一整幅人生蓝图。

我建议每个人都尝试着写一下自己的墓志铭。当然，一开始的时候，你写的内容可能是别人告诉你应该要的，随着阅历和经验的增长，过了一段时间再回看，就会发觉这不再是自己想要的，于是你会做出一些调整，甚至彻底推翻旧版本。当你不断思考、持续调整之后，内心真正想要的东西就会清晰浮现。

我现在几乎每天都会看一遍自己写的墓志铭，到目前为止，我认为我的人生意义非常明确，可能不会再改变了。

现在，我们再思考一下本章一开始提出的那个问题：幸福是什么？

相信你已经有了很明确的答案。

第一，幸福绝不是追求好的情绪，远离坏的情绪。人不可能永远有好情绪，也不可能永远没有坏情绪，任何一种情绪都只是信号而已。

第二，幸福是建立在人生意义基础上的。明确人生意义之后，要开始制定人生目标，比如设立阶段性的目标，每一年、三年或者五年，都可以是一个阶段性目标。

在朝着人生目标前行的路上，可能有喜悦，也可能有失望，这都只是你追求人生意义过程中的一个部分，是追求幸福过程中的一个节点。让情绪成为帮助我们更好追求人生意义的工具。

向着自己的人生意义努力前行，这就是真正的幸福！

第四章

成功

引文　人们看重外在成功

成功是一个非常热门的话题。每个人都对成功有着自己的看法，大家也喜欢讨论什么算成功，怎么能成功。绝大多数人看重的成功，其实是外在成功，也就是社会和他人认可的、给予的，比如物质上的收获，受到别人的肯定与尊重，拥有可以主导他人的权力，等等。这些成功都是源自外在。

要说人类历史上最成功的人，东方可能非孔子莫属，西方则应该是耶稣。孔子被后世尊为“圣人”，儒家思想影响东亚地区两千多年；而从古罗马帝国时代开始，基督教信仰就始终是欧美国家的核心文化，时至今日影响着几十亿人。

但是，如果用外在成功的标准来衡量，孔子和耶稣生前都是非常失败的。

孔子生活在春秋末期，出身没落贵族家庭，他的学问几乎都是自学而来。三十岁左右，孔子开始有所成就，逐渐总结出一套治国、齐家、修身之道。当时，孔子周游列国，四处不断向统治者游说，希望自己的治国方略能被采用，结果要么被拒之门外，要么没做几年官就被赶走，甚至还被人威胁、追杀。最后他不得不放弃了游说。

用现在的眼光来看，他这一生真的很失败。

而耶稣则出身贫穷，曾做过木匠，三十岁不到，便开始四处传道，一开始没多少人听，常常被人驱赶，当时的犹太祭司则视他为“异端”。他一生总共只收了十二位门徒，最后还被其中一位门徒犹大出卖，被罗马统治者钉死在十字架上。

意大利画家达·芬奇的《最后的晚餐》描绘了这样的场景：在自知不久即将被钉死在十字架上后，耶稣和十二位门徒享用了最后一顿晚餐。席间，耶稣说：“我将被你们其中一位出卖，那个人会背叛我。”大家都说不可能。接下来，耶稣对彼得说：“在鸡叫之前，你会抛弃我三次。”彼得和每个门徒都回答：“我情愿死，都不可能这么做。”

第二天，因为犹大的出卖，耶稣便被罗马人抓住，钉死在十字架上。在这个过程中，不同的人询问了彼得三次：“你认识这个人？”彼得都回答：“我不认识他。”于是，年仅33岁的耶稣在遭遇背叛之后，悲惨地死去了。

显然，耶稣生前也很不成功。

孔子和耶稣在世时并没有获得外在成功，甚至被当时的绝大多数人看作失败者。

第1部分

如何定义成功

第1节　获得外在成功会遇到的困扰

在追求外在成功时，人们常常会遇到几方面的困扰。

第一，你需要比较“疯狂”。

获得外在成功需要创新，这需要你在一定程度上改变群体性的思维故事。因此，在社会和他人眼中，你可能就是一个异类，一个显得有些疯狂的人。

春秋时期，王室衰微，诸侯争霸，各国统治者坚信富国强兵才是治国上策。在这种社会背景下，孔子还在提倡“以仁义治天下”，明显是和整个统治阶级的思维故事背道而驰。

耶稣虽出身犹太家庭，但他的很多理念都与犹太教不同。犹太教认为祭司是上帝和教徒之间的沟通者，只有祭司才有权力举行宗教仪式。但耶稣却对世人说："这些都不用做，你们只要相信我就能获得永生了。"不得不说，在当时的人看来，这是非常疯狂的。

既然如此疯狂，且与当时绝大多数人的思维故事有很大的差异，那孔子和耶稣不被当时社会和人们所广泛认可，个中原因也就可想而知了。

第二，社会对成功的定义会发生改变。

不同的历史时期，有不同的成功定义。在中国封建帝制时代的中后期，得到统治阶层认可和赞赏最主流的方法就是参加科举，从秀才、举人一路考到进士，然后学而优则仕，出将入相，留名青史。那时人们的思维故事普遍是"万般皆下品，惟有读书高"。所以通过经商获得大量财富的"有钱人"，社会地位并不高，士、农、工、商，商人只能排在最后。

西方也有过类似的阶段。美国第一所大学哈佛大学成立之初，就是为了培养牧师。在中世纪，信仰高于物质，虔诚的修道士的社会地位高于富甲一方的商人。当时，因为宗教原因，欧洲的基督徒不能从事有息借款业务，但犹太人不受这方面的限制，他们信的是犹太教。于是，犹太人慢慢就成了欧洲最大的债权人群体。久而久之，那些善于放贷赚钱的犹太人累积了很多财富，却一直受到主流的歧视。

到了现代社会，外在成功更多是指物质上的成就。一说到成功人士，大家往往要先看他的身价财富。但如果只以物质财富来定义成功，可能会出现很滑稽的场面，因为获得财富的途径是多样的，比如嫁入豪门当阔太太，买彩票中了几个亿，或者贪污、走私、盗窃、贩毒，做非法勾当，甚至根本不需要做任何事，只要你出生在豪门……

第三，社会不觉得你做的事情很有价值。

篮球运动员和教师比起来哪个更重要？很多人都会同意前者对社会的贡献并没有教师那么大，但一位普通的美国职业篮球运动员的年薪可达百万美元，而一位优秀的教师的年收入仅仅六七万美元。

沃伦·巴菲特常常说："我真的很幸运！为什么？因为我生活在这个年代，一个特别会做股票投资的人在这个年代可以赚很多钱，因为社会认可股票市场及投资人的价值。如果我早出生几千年，我跑不快，力气又不大，早就被淘汰了。我的好朋友比尔·盖茨也是一样，他身材瘦弱，如果早出生几千年，那他和我一样，也同样面临被淘汰的命运。但在现在这个时代，社会对软件方面的才能特别看重，所以他能赚这么多钱。”

第四，很难预判何时才能实现外在成功，以及可以成功到什么程度。

很多人觉得外在成功是可以规划和逐步推进的，例如人生每过几年就要达到一个新目标。社会上也有很多这方面的书籍和培训，专门描写和告诉你应该怎么规划，怎么分步走。但是，正因为外在成功是别人给予我们的，所以往往很难完全由我们自己掌控。就算你做了最好的规划，能否成功也不只是自己说了算，还要看他人，看大环境。

以前，很多大学生在做自己的职业生涯规划时，都希望进一个大公司工作，一步步做到CEO。例如在一线做三年，从普通员工晋升为基层管理者；再过五年，带领团队做出一定的成绩，晋升为部门总监；又过了五年，抓住一些大机会，就有可能成为公司的副总裁。

这样的想法很好，但执行起来你就会发现不一定能达到预期目标。因为就算你按部就班去做，也会遇到很多问题，例如行业大环境变了，公司业绩不景气，没有人愿意提拔你，不合拍的上司还会阻碍你……这一系列问题都是外在的、不可控的。

宋代著名的文学家苏东坡在诗文、书画等方面都取得了很高的成就，但因政见与当时执政的王安石不合，自请出京，后来又因诗获罪，被贬黄州。好不容易东山再起，却又遭到陷害和排挤，再度被贬外派。这种怀才不遇的例子在历史上不胜枚举。

如果你想创业，那结果就更难控制了，失败是大概率，成功到何种程度也难以预料。研究发现，在美国，超过 90% 的创业公司会失败，而且那些为数不多的能够杀出重围、继续生存的创业公司，也不是个个都可以成为像谷歌、脸书这样的独角兽企业。

马云曾经是英语老师，他当时也许能看到互联网的光明未来，但肯定预测不到阿里巴巴的现在；亚马逊创始人杰夫·贝佐斯在一开始只是想开办一家在网上卖书的公司，他肯定想不到亚马逊后来能发展成包罗万象的超大电商平台，让他成为世界首富。

所以，规划肯定要做，会有很大的参考价值，但社会与外界会给予你什么，给多给少，真的很难预估，也很难准确预判什么时候发生。

以上就是想要获得外在成功必须面对的几个困扰。社会和他人可以给予我们外在的成功，却也可以不给予，或者随时拿走。因此，在外在成功之外，我们需要塑造一个属于自己的内在成功的思维故事，其核心在于，我们有什么可以提供给他人，我们能为他人创造什么样的价值。

第2节 每个人都应该拥有内在成功

为什么内在成功很重要？因为外在成功说到底是由别人控制的，选择权在别人那里。当社会和他人彻底否定你的时候，你就无法获得这些外在成功。而内在成功完全可以由自己掌控，你可以选择提供什么价值给别人，提供多大的价值给别人，以及用什么方法把价值传递给别人。

如果我们既有外在成功的目标，也有内在成功的方向，那就很有可能把二者结合起来。外界会给我们提供很多信息，告诉我们内在成功所产出的东西是不是被接受，别人觉得有没有价值。

历史上那些经得起时间考验的、公认的真正成功，都是能给别人提供真正价值的成功。无论是在政治、思想、宗教、艺术还是在商业领域，能长久流传下来的成功，几乎都具备这一共同特性。历史上那些最成功的人，一开始都会有些疯狂的想法、疯狂的思维故事（至少当时的人会这么认为），而这些疯狂的想法在实践的过程中，会大概率地遭遇失败，而且可能是不断的失败。

前文讲到过，孔子和耶稣在生前都是失败者，支撑他们可以矢志不渝走下去的最重要原因，就是他们知道自己的人生意义，明白自己追求的内在成功具有什么样的价值。如果有人问孔子：“你的人生意义是什么？”我想他的回答应该包含两方面内容：一是让民众依照周礼行事，恢复礼乐规范，和谐共处；二是希望君王能以儒家思想治理国家。

在这样的人生意义之下，他一开始是怎么定义外在成功的目标的呢？应该是获得某个国家的认同，谋得一个官位，让他有机会实践自己的理念。但他先是在鲁国失势，之后又周游列国十四年，始终没有达成预定目标。

随着年事渐高，孔子渐渐明白实现外在成功的可能性已经很小了。六十九岁以后，孔子主动调整了方向，更加转向内在的成功，相应地把日常行动改为传道、授业、解惑。他是第一个开设私塾的人，拥有弟子三千多人。更可贵的是，他收弟子不限年龄，不问贫富，一视同仁。也正是因为被他的思想和胸怀所折服，弟子们将孔子说过的话整理成《论语》，还把这套儒学体系进一步完善，发扬光大，一直流传至今。

孔子的思想和学说给后世提供了很大的价值。他不仅是儒家学派的创始人，也是名垂千古的思想家、教育家，受其思想影响的，不止中国，还有日本、朝鲜、越南等，这些国家或多或少地将儒家思想纳入了本国最核心的社会文化体系之中，用以构建和管理人际与社会的关系。从历史角度来看，孔子无疑是空前成功的。

耶稣也是如此。在很长一段时间里，他对外在成功的定义就是传递天父耶和华给世人的旨意，也就是传教，让更多的人相信。直到有一天，他听到上帝对他说："你得用你的死来洗清世人的罪恶。"他明知难逃一劫，仍能平静赴死，因为在那一刻他对内在成功的定义就是死，只有这样才能为世人洗清罪恶。

孔子也好，耶稣也罢，最终导致他们获得真正成功的，都是自己内在成功的定义和背后的人生意义。他们在世时没有获得外在成功，却将内在成功做到了极致，他们给予别人的价值是巨大的。当你想要做一件大事的时候，一开始看起来可能很疯狂，很多人不接受，甚至排斥，因为你要改变的是他人累积多年的思维故事。但当这些价值真正为大多数人所接受的时候，你的巨大成功就真正显现出来了。从这个角度来说，成功虽然要经历外部的评价和认定，但真正的成功依靠的还是自己内心对内在成功的发掘、认可和坚持。

第 2 部分

通往成功之路

第 1 节　追求成功的四种结果

追求成功的人，一般会有四种结果。

第一种，内在成功和外在成功都没有实现。

中国网络文化兴盛后，出现了一个极具讽刺意味的词——屌丝。它具体就是指这么一群人：生活没有目标，对未来感到迷茫，渴望社会的认可，又不愿真正投入，希望不用付出多少就能有收获。他们既没有外在成功目标，又没有内在成功追求，人生就这样荒废，时光就如此虚度，一方面在心里对自己的境遇不满，另一方面只想着投机取巧，期待不劳而获。

第二种，只获得了外在成功，却不为别人提供价值。

我们俗称的“败家子”就属于这种情况。他们的先辈打下一片江山，留给他们很多积蓄，但败家子就只顾着胡吃海喝，哪怕留下的是金山银山，也有败光花光的一天。除此之外，在华尔街，我认识不少人，他们告诉我，虽然赚了很多钱，但最后会选择离开去做公益，因为他们内心空虚，发现之前所做的没给别人带来什么价值。

第三种，还没获得外在成功，但已经获得了一定的内在成功。

我现在领导的宇沃资本的目标是成为“走出去”家庭的投资与成长同伴。公司外在成功的目标是每年可以帮助和服务到两百个家庭，而在推广时我们发现，中国的现状和原来的设想不太一样，市场上的误导信息、投资者的思维误区有很多，比如往往只关注回报率的高低。他们常常会说的一句话就是：“我们国内投资的项目回报率已经那么高，为什么还要投资国外？”

我们不断地和客户分享“分散投资”的理念，即中国人常说的“鸡蛋不要放在一个篮子里”。在中国，让投资者真正认可和接受这个概念是需要花时间的。很多人觉得自己的鸡蛋并没放在同一个篮子里，例如同时投资了股票、债券、房产。但很多人忽略了最关键的因素，就是相关性。看上去投资者是把钱放在了不同类型的投资产品里，但在同一个大环境下（例如国家、行业等），产品之间会互相关联，你所有的投资都会随之波动。

分散投资强调的是弱关联性或负关联性。比如，当这个行业上升时，那个行业就下跌，把具有这样弱关联性或负关联性的投资产品放在你的财富篮子里，才是真正做到了“鸡蛋不在一个篮子里”。要把这一个理念传递出去，让更多的人知道，需要花很长时间，尤其现在中国很多中介在推销时常常会说：“我这个项目就是安全啊！”要达到“让中国更多的中产家庭接受分散投资的理念”这个外在成功目标，必然需要时间。但，这是一条必走的路。

在内在成功方面，我为宇沃资本制定的目标是：一年能引导两千个家庭重新认识国际化精英投资与成长。他们最终在不在宇沃资本做投资都可以，但我们有机会可以引导他们重新认识财富管理，为孩子做有效的国际化成长规划，纠正固有观念，真正走上健康的财富和精英人生之路，这是很有价值的。

一年过去了，可能外在成功的目标没有达到，但内在成功的目标达到了。这也很好，只要我们觉得自己走的这条路是对的就行了，这是对我们一个很有力的支撑。外在成功的目标没有达到，也可以变成一种动力，鞭策和推动我们付出更多，寻找到更好的方法，去影响和帮助他人。

第四种，也是最理想的结果，那就是获得外在成功和内在成功的“双丰收”。这当然是我们每个人都想要的，理论上出现的可能性也很大。因为内在成功是为别人不断提供价值和帮助别人，而别人也很有可能以价值回报给我们。

追求内外成功“双丰收”要注意几个问题，一是提供的价值可能被抵制，也会遇到很多挫折，要做好充分准备；二是千万别被“幸存者偏差”误导，要有自己对成功的深度思考和辨别智慧；三是懂得如何让钱为我们工作。

第 2 节　提供价值为什么会被抵制

从外在成功的角度来说，你给别人提供价值，也最有可能获得回报。

以腾讯的微信为例。在移动互联网发展早期，手机屏幕小，计算能力不强，使用场景具有时间碎片化、地点移动化的特点，这也就意味着社交应用软件需要更加轻量简便。经过十多年的发展，信息从最初的缺乏变成海量乃至过剩，一款围绕着“熟人沟通”设计构建的手机软件成为用户的刚需。就在此时，微信横空出世，极简设计的理念在社交沟通和工作生活等方面给人们带来了空前的便利。

从 2011 年 1 月上线至今，微信的用户数量不断攀升，根据腾讯 2018 年一季报数据显示，其用户量超过十亿大关，已经成为全民级移动通信工具。微信为社会输出了如此优质的价值，促使腾讯公司的股价得以持续上升，投资者、创始人和相应团队成员也获得了丰厚的回报，个人财富水涨船高。

回看微信的发展历程，似乎每一步成功都理所当然，但在当时，每一步却都很不容易。它虽然给别人提供价值，但从用户角度来看，使用微信意味着必须要放弃平时惯用的、常规的方式，学习一种新的技能，建立一种新的习惯，这等于是要打破用户的舒适区。

并不是每个人都愿意走出舒适区的，有些人选择不做任何改变，还有些人可能会对这些创新发出质疑，甚至怀有强烈的反感和抵制。所以，当你想给别人提供价值的时候，往往也是开始经历挑战和挫折的时候。价值越大，意味着改变越大；改变越大，意味着抵制越激烈，越有可能遭遇失败。

例如尝试让私家车主接单载客的网约车。网约车创业公司优步的梦想如果实现了，世界会发生什么改变呢？第一，很多人就不需要拥有私家车了，在哪里都能很方便地叫到车，汽车从一个消费品变成了一项生活服务；第二，每个人的出行计划乃至日常生活都会发生天翻地覆的变化，随后出现的无人驾驶车还会让我们的生活产生更多的可能性。

回想一下网约车刚诞生的时候，很多人对这个新事物的态度却是根本接受不了。对车主来说，让一个陌生人上车，万一对方是坏人怎么办？对乘客来说同样如此，我怎么知道司机不会伤害我？同时，网约车也动了别人的奶酪，出租车行业群起而攻之。

要想创造或输出优质价值，在某种程度上，你必须要有一些疯狂，必须坚持自己的想法，打破很多人当下的舒适区。在这个过程中，你可能会失败很多次，要想获得成功，你就得不断经历这样一个循环——失败，调整；又失败，又调整；再失败，再调整……

在这个循环过程中，你还得调整认知。一开始，你对产品、用户和市场做了一番推测和假设，在发展的过程中，外界会给你很多反馈。要给别人提供价值，你总得知道别人到底是怎样看待你、你的产品、你的行动。你还得客观地分析这些反馈，看看这些价值是否是因为别人还在舒适区没有看到，或不是别人真正需要的。

爱彼迎（Airbnb）是这方面的好例子。这家以共享家庭住宿为主营业务的互联网公司可以说是共享领域最杰出的代表之一。爱彼迎诞生于 2008 年，十年后估值已达三百亿美元，超过了著名的希尔顿酒店集团，其体量也已超过全球前五大酒店集团的总和。

爱彼迎的两位创始人布莱恩·切斯基和乔·格比亚原本是设计师，就读于著名的罗德岛设计学院，毕业后离开东海岸到加州旧金山工作，不久之后，两人开始合伙创业。他们创业的灵感来自于 IDSA/ICSID 大会，这是北美最大的设计大会之一。当时，由于大量的设计师及相关人士到旧金山参会，导致当地的酒店房源异常紧缺。于是，他们就想到把自己住的公寓短期租赁出去。

可是，他们当时并没有什么正规的床位可以出租，于是想到了在美国比较流行的“充气床”。这种充气床收纳起来很方便，一旦家里有朋友来，充好气就能成为一张舒适的大床。他们在房间放置了三张充气床，迎来了入住的第一批客人，为他们提供住宿和早餐。“充气床 + 早餐”就是爱彼迎名字的来源——Airbnb 中的两个“b”，一个是床（bed），一个是早餐（breakfast）。

这种精品民宿的产品模式介于传统住宿的两种业态之间，传统业态的一边是服务高端但价格昂贵的品牌星级酒店，另一边是价格低廉但品质一般的低端汽车旅馆。尽管爱彼迎当时的做法还不成熟，却具备很大的潜力。按照两人当时的推测和假设，创造出如此大价值的爱彼迎应该是非常受用户欢迎的。

可惜，事与愿违，爱彼迎起初很不顺利，甚至一度濒临破产。因为很多人都觉得，这个创业想法非常疯狂和不可思议：谁会愿意和陌生人分享自己的家呢？如果对方把家里的东西席卷一空怎么办？万一不幸遇到上罪犯，还可能遭遇生命危险。

有些房东虽然接受了这一新生事物，但在操作上还不得要领，例如描述房屋情况的文字比较合理，但房屋照片不够精美，因为绝大多数房东都不是专业的摄影师，拍出来的照片往往昏暗模糊，构图糟糕，无法吸引房客。另外，在法律层面，美国很多城市在租房方面都有着严格而细致的规定，不是你想出租就可以出租的。总而言之，各种问题层出不穷。

再看看布莱恩・切斯基和乔・格比亚这两位创始人，他们都是设计师出身，既没有技术背景，也不精通旅游住宿，更缺乏投资人脉，之前从来没有任何创业经验。对任何一个投资人来说，无论创始人的资质还是创意的可实现度，都非常不靠谱。

虽然外界一开始并不认可，但他们两人非常看好并坚持自己的创业想法。他们认为，很多人来到陌生的城市，常常会遭遇酒店客满、无处可住的窘境，或者早就住够了千篇一律的连锁酒店。与此同时，几乎每个城市都有着大量闲置的房产资源。如果能在预算允许的范围内，通过民宿来近距离体验当地的风土人情，既可以认识新的朋友，又可以住上更便宜的房子，那该多好？这也是他们一直坚持的内在成功的目标。

在无处融资的情况下，他们甚至一度靠透支信用卡来维持公司的经营，但这毕竟不是长久之计。他们一边运营着爱彼迎，一边想尽办法找些收入来补贴。当时正逢2008年美国总统大选，他们灵机一动，设计了两款以候选人为主题的包装，用在普通早餐麦片盒上，然后以每盒约四十美元的价格进行售卖。没想到大受民众欢迎，一下子赚了三万多美元，这也成为爱彼迎早期最重要的一笔资金来源。

之后，他们继续带领团队不断调整经营模式，逐一解决创业所面临的问题和难点。比如针对用户最关心的安全问题，他们鼓励用户使用脸书这样的社交平台账户注册，以此把社交网络上的社会关系及信用值引入到爱彼迎，这样不管房客还是房东都对租住关系更为放心。他们还建立了自己的支付平台，为用户提供安全可靠的房租支付系统。

他们不断调整，但内在成功的目标始终没有变。社会群体对他们的看法开始发生改变，逐渐接受了爱彼迎的服务，爱彼迎的外在价值终于显现出来了。在不断地进步中，爱彼迎成为深受用户喜爱的、全球化的住宿经济共享平台。可以说，爱彼迎就是内在成功和外在成功的一次极佳结合。

微信、优步、爱彼迎成为创业者眼中的经典成功案例，正因为能提供给别人最大化的价值，它们才有机会获得物质上最大化的回报。这里要再次提醒，即使是这么成功的案例，在一开始也是备受质疑的，因为它们提供的价值会让很多人脱离舒适区，改变之前的思维故事。

所以，想要获得成功，你在面对挑战的时候，既要认可和坚持自己看到的内在价值，又要客观分析外界的反馈，更要不断及时地调整策略和做法。

第3节　警惕“幸存者偏差”

我们经常听到很多事业有成的人说：“我之所以成功，是因为我为他人提供了价值，这使我人生很有意义，我自然而然地就获得了回报。”英语里也有这么一句话，Find something you love to do and the money will come，意思是：“只要你找到一件自己热爱的事并且用心去做，自然就会获得物质上的回报。”

事实上，这是一个逻辑误区，叫“幸存者偏差”。人们只看到经过某种筛选而产生的结果，却没有意识到该筛选的过程和标准，所以忽略了被筛选掉的关键信息。这个逻辑误区在日常生活中经常存在。

简而言之，人们往往会觉得事实就来自他们所看见的、所能接触到的信息渠道。如果一件事的描述仅来自于“幸存者”时（因为死人不会说话），人们获得的信息就会和现实情况产生偏差。

第二次世界大战期间，美国军方试图确定他们需要在哪里为飞机配备装甲，以确保飞机能安全返航。他们统计了所有返航飞机的中弹情况，发现飞机的机翼部分中弹较为密集，而机身和机尾则较为稀疏，于是他们认为，应该在弹孔密集处也就是机翼部分加强装甲。

统计学家亚伯拉罕·沃尔德不同意这种观点。他认为应该加强机身和机尾部分的防护。他的想法被认为很疯狂，因为那里是弹孔最稀疏的地方。但后来的事实证明，亚伯拉罕·沃尔德意识到了别人所忽视的部分，那就是人们只统计了安全返回的飞机，却没看到那些坠毁的飞机，很多飞机正是因为机身、机尾中弹才坠毁的，那些机翼被多次击中的飞机大多安全返回，成为“幸存者”。

幸存者偏差在商业领域里也有很多表现，最典型的就是人们会争相模仿在众多创业公司中脱颖而出的、九死一生的幸存者。虽然他们被视为成功者，但事实上也可能仅仅代表少数存活者的经验。

很多人都会问：“我到底是应该为热爱去工作，还是为生存而工作？”对于那些已经内外成功的人来说，他们通过追逐自己的热爱，提供给别人巨大价值，同时也赚到了很多钱，他们可能认为这就是成功之道。他们通常会说：“去为热爱奋斗吧，这样财富自然就会随之而来。”但事实上，并不是每一个人追逐自己的热爱，为别人提供价值，就一定能同时收获内在成功和外在成功，我们需要知道并警惕幸存者偏差。

第 4 节　让钱为我们工作

仔细看过历史上那些成功人士的事迹后，很多人心里可能都会打退堂鼓：这个实在太困难了，也太痛苦了，我总得有基本的吃喝玩乐，我怎么也要养家糊口吧？付出这么多，牺牲那么大，想想都不值得。

就像之前说的，大多数人对成功的定义里都少不了物质成功，也就是有钱。就算不贪恋钱财，但出于衣食住行这些最基本的生存需求，我们也必须赚钱。如果一个人的热爱能够符合这个时代的需求，可以提供给他人价值，是有机会赚到很多钱的。但是，很多人为热爱奋斗了一辈子，也达到了自己内在成功的目标，却只能给自己带来满足，周围的人并不觉得这种奋斗具有很大价值，也不会为之付费，这种情况之下，热爱和付出就带不来物质上的回报。

热爱和付出与赚钱之间并不能画等号。你是有机会通过一份工作同时收获热爱与金钱，但很多时候你做热爱的工作赚不到多少钱。所以，我们要认识到，每个人都应该有两份工作：一份是你为热爱而工作，另一份是让钱为你而工作。

很多中国家长为了不让孩子“输在起跑线上”，给孩子安排了各式各样的课程，外语、艺术、体育、绘画，唯独没有关于钱的课，例如投资课、财富课。其实财富成长在这个时代可以说是人生最重要的事之一。一个人如果连最基础的物质生活都过不好，单纯地追求自己的热爱，会过得很辛苦。

这就是为什么每个人都需要有两份工作的原因，你要能同时兼顾眼前的实际生活与长远的人生意义。绝大多数人在为钱而工作，用时间和生命换金钱，更好的选择应该是让钱为我们工作。当你懂得如何让钱为自己工作之后，就不需要再为生活和金钱苦恼，可以毫无顾虑地把心血倾注在热爱上，专心致志为热爱付出。

如何让钱为自己工作呢？

在财富管理方面，人们常常会有一个误区，觉得想要财富增长，必须要先有很多钱，拥有很多专业知识，比如说自己是学金融的，或者考取相关的执照，成为专业人士，到那时候再来谈财富。其实不是这样的，只要了解几个重要的原则，每个人都可以在财富上成长。

首先是重视“滚雪球效应”。这就是谈到复利，即复合利率，它是对本金及其产生的利息合并再计算的计算方式，其相应的行为是指一笔投资获得回报之后，再连本带利进行新一轮投资。随着时间的推移，复利会让财富的增长变得尤为显著，这样的财富增长对我们每一个人都非常重要。

美国股市近一百年来的年均增长率为10%。在一个孩子刚出生的时候，家长如果每个月在一个每年回报10%并以复利计息的投资账户中放250美元（这个数目并不是很大，大多数中产家庭都能做到）。这样的投资一直持续到孩子三十岁，也就是差不多成家立业的时候，你总共放进去的是 90250 美元（约 60 万人民币左右），那时孩子能够获得的回报是 574790 美元，也就是超过 400 万人民币的回报。这笔钱足够给孩子做很多事，例如买房、买车等，他们的生活压力也就不会那么大了。

如果这笔投资一直持续到六十岁，一共放进去的金额就是 180250 美元（约 120 万人民币左右），得到的回报将是 11972183 美元，一笔超过 8 千万人民币的丰厚回报。如果家长做过一些功课，选了一个好的公司，类似“股神”沃伦·巴菲特的伯克希尔哈撒韦公司，结果就更不一样了。伯克希尔哈撒韦公司现在上市已经快六十年，每年股票增长率为 20%。如果按照 20% 的复利计算，每个月投资 250 美元，到现在的回报是将近 2.3 亿美元。

关于复利的故事有很多，例如西奥多·约翰逊的。他最早是在 UPS（美国联合包裹服务公司）任职快递员，虽然他很努力地工作，但收入始终有限，年薪从来没有超过 14000 美元。当时有人给他建议，“你为什么不坚持做点投资呢？”后来他每次领到工资或奖金，都会拿出 20% 放进投资账户里，用以购买 UPS 的股票。随着时间推移和 UPS 不断发展，西奥多·约翰逊的财富越来越多，当他年满 90

岁的时候，投资回报已经超过了7000万美元。

其次是考虑稳健的"被动式投资"，可以与滚雪球效应相结合，这其中最好的例子就是指数基金。

所谓指数基金，就是以某些特定的指数（例如标普500指数、纳斯达克100指数等）为标，通过购买其成分股构建组合的基金产品。指数基金属于被动式投资，运作较简单，时间投入少，目标是取得与标的指数相近的收益率。

沃伦·巴菲特比这个世界上99.99%的人更懂怎么管理财富，知道怎么用钱去创造更多的钱，他会花时间、花心思去了解不同的行业、不同的公司，发现真正能够创造价值的企业，然后坚定地、长期地投资它。毫无疑问，他在主动式投资方面获得了巨大的成功。而他却同样一直非常青睐指数基金，经常推荐给别人。他曾表示：如果你不是专业的投资人，而且不想天天担心投资情况，去买指数基金就可以了。

如果你在1965年把1万美元投资到标准普尔500指数，到2017年回报大约是50万美元，而且标准普尔指数在这段时间中的表现已经超过了市场上将近90%的股票共同基金。

再次，财富成长要以正向现金流为目标。

只要仔细研究，我们可以在市场上找到很多正向现金流的投资，比如房地产、债券等等。很多时候，中国人买房地产只是希望通过以后涨价来获取投资收益。其实这是很片面的，因为房价跌或涨是你无法控制的，但如果是以正向现金流来看待的话，完全可以这么规划：首付 30%，剩下 70% 使用贷款，然后把房子租出去，租金收入减去租赁成本和购房贷款之后，如果还有余额，这项投资就是正收入。那就等于什么都不做，每个月也能有收入，累积起来就是可观的收入。

最后就是深入学习和投资那些最优秀的管理人。

历史数据显示，只有 4% 的投资人是特别优秀的。但实际上，我们很少花时间学习这些精英中的精英，或者投资他们。比如沃伦·巴菲特，他在二十世纪六十年代就已经是一个出名的投资人，但究竟有多少人会买他公司的股票，并长期持有，最终获得超乎想象的回报？大家都知道马云厉害，马化腾很牛，那又有多少人愿意花时间研究他们的公司，买入阿里巴巴或腾讯的股票，并十年、二十年长期持有呢？

如果我们能对此投入一些时间进行学习和研究，尤其是在了解思维故事这个概念之后，当找到某些内外成功结合的人，我们会不会投资他们？或者除了每个月放250美元在被动投资以外，还能不能再拿出点钱来对他们进行主动投资？坚持十年、二十年之后，这两方面的财富成长将是一个不得了的数字。

我们应该从小就开始做好“让钱为我们工作”的准备，充分认识到复利对于财富成长的重要性和显著性，也要找到一些可以长期持续的、正收入的优质财富产品。

如果我们很早就能认识到这两项工作的重要性，在孩子出生前就可以开始着手准备，对孩子今后的人生道路是一种莫大的帮助。美国很多成功的精英家族都会为他们的孩子做这样的准备，我也认为这是所有成功人士都必须做的工作。真正的成功源自我们的热爱和付出，但我们也要获得满足生活所需的金钱。如果我们的热爱能够给予丰厚的物质回报，那是再好不过了；即使达不到这一点，只要对“两份工作”有足够的认识和充分的准备，我们还是可以放开手脚去追逐人生意义。

第 3 部分

成就真正的成功

第 1 节　内在成功与人生意义的关系

沃伦·巴菲特、孔子、耶稣，这些可以被称之为成功的人，有一些在世时就获得了社会的认可，有一些则要在过世之后才备受推崇。这些人有一个共同之处——无论何时何地，无论经历多大的苦难，始终在内心坚信自己所做的事是有价值的。比起别人的认可，他们更愿意将达成心中所设立的目标和成为自己想成为的人，视为真正的成功。

就像前一章说到的，为了获得幸福，每个人都应该设立自己的人生意义，在人生意义下面设一个个人生目标，朝着那些目标前进，去实践和完成它们。在这过程中，内在成功必须和人生意义挂钩。外在成功自然重要，但唯有找到人生意义，坚持追求内在成功，不断提供价值给他人，不断修炼自己直到最后，才是真正的成功。

前南非总统纳尔逊·曼德拉被尊称为“南非国父”，也是这个时代最有名望、最有影响力的政治家之一。我去了南非很多次，和很多南非朋友深入交谈过。可以说，纳尔逊·曼德拉的人生之路是追逐其人生意义，坚持其内心成功目标并一步步获得外部认可的慷慨之路。

四十五岁时，纳尔逊·曼德拉被抓进监狱，关押了二十七年，出狱时已经七十二岁。他入狱时，根本不知道能不能活着从监狱里出来，因为他被判处无期徒刑。他曾说过一句话：“我肯定能出狱，只是站着出来，还是躺着出来而已。”

监狱的生存条件非常恶劣，外部沟通更是少得可怜。纳尔逊·曼德拉曾一度每天被单独关押超过二十三小时，室外活动时间仅仅一个小时。从外在成功角度来看，他是一个罪犯，得不到别人的尊重，没有物质上的回报，是一个彻底的失败者。

纳尔逊·曼德拉承认监狱生活令他非常痛苦，而最痛苦的是他没有办法和心爱的人沟通。他和第二任妻子结婚没多久，孩子才刚出生，就被关了起来。之后，母亲、长子陆续去世，他都未能参加葬礼，内心的巨大痛苦是可想而知的。他说，当时自己几天几夜待在牢房里不出来，觉得整个世界都是黑暗的。

但是，纳尔逊·曼德拉一直坚持着自己的人生意义——解放他的国家，解放他的民族和人民。他的人生意义让他拥抱了那些痛苦，驱使着他不断修炼自己，一直向前走下去。在这样的人生意义之下，即使身陷囹圄且出狱无望，他依然坚持自己的内在成功目标，就是不断锻炼自己和思考未来，因为万一有一天能被释放，他希望自己是时刻准备好的，可以用最好的状态去面对世界。

纳尔逊·曼德拉的政治主张和执政构想，在南非的和平之路上非常具有突破性。一方面，他坚持让大多数人统治国家，也就是让黑人拥有政治权利；另一方面，他也认识到南非要实现真正的和平与发展，必须得到白人的支持，因此他主张“讲真话能和解”。他认为只要白人能说出和承认过去的错误，就可以既往不咎，一起往前走。所以，他任职总统后成立了“真相与和解委员会”，只要当事人说出和承认过去的错误，就可能不需承担任何法律惩罚。

曾经有人问纳尔逊·曼德拉恨不恨过去抓捕他的人，他说不恨，因为南非未来的发展还需要这些人和他一起来推动。换而言之，他的人生意义是建立一个真正和平、民主和繁荣的南非，在这个前提下，一切仇恨都可以放下。回忆自己出狱那一刻的心情，他说了一句让世人为之动容的话：“当我走出囚室，迈过通往自由的监狱大门时，我已经清楚，自己若不能把悲痛与怨恨留在身后，那么我其实仍在狱中。”这些极其伟大的政治主张和超越平常的伟大想法，是拍脑门就有的吗？肯定不是，而是不断深入思考、修炼自己、改写思维故事而产生的。

当然，他也有可能永远被关在监狱里，或因身体不好而去世，那样的话，也就没有人知道纳尔逊·曼德拉是谁，也不会有后面的故事发生。但是，他认识到就是关在监狱里，追求内在成功是可以自我控制的，不断修炼自己也是可以做到的。后来，全球形势改变，南非自身也发生了巨大的改变，他的机会来了，狱中二十七年来锻炼的东西终于可以派上大用场了。

这就是内在成功和外在成功结合的一刻。但是，我们也要认识到，这一刻肯定会发生吗？不一定。发生了，我们肯定会很开心；但不发生的概率也不小。纳尔逊·曼德拉对南非乃至世界的影响延续到现在，但他真正的成功不只是做了南非总统，而是他也获得了内在成功。

很多人会质疑说：“你讲了这么多案例，他们都是非常成功的人。我只是一个普通人，只想简简单单、幸福美满地过一个有意义的人生。”比如，你的热爱是教书育人，培养孩子，愿意钻研教育技能，成为一名受学生爱戴和尊敬的老师，但这不代表你会有很多外在成功的标志。

就像我们宇沃资本投资的蒙特梭利（简称蒙氏）教育机构，现在已经成为拥有美国最多蒙氏学校的企业，我见过很多蒙氏教育的老师，也和他们深谈过。他们很多人的人生意义就是教育和培养更多优秀的人，他们的内在成功就是尽力去激发每个孩子最大的潜力。

这些老师都很热爱自己的工作，可以说是全身心投入，他们的收入并不多，年薪四、五万美元。即使再加倍投入，薪水也不可能获得很大的提升，也不会得到社会的更多认可。所以，他们尤其需要认识到：自己应该有另外一份工作，也就是让钱为自己赚钱。这两份工作相结合，就算你是普通人，就算并没有获得相应的外在成功，仍然有机会可以过一个非常幸福、物质丰富、真正成功的人生。

第 2 节　如何成为自己想成为的人

当你思考和定义自己的内在成功时，其实你也是在思考和定义自己想成为什么样的人，思考你应该拥有什么样的个性和品质。人生经历的每一件事，其实都是在给自己一个机会，塑造个性和品质，拥有想拥有的美德，成为想成为的人。

美德并非与生俱来，而是要在每天的生活中不断修炼。

本杰明·富兰克林是典型的白手起家的成功人士。尽管出身贫寒，身份卑微，却成为在许多方面均有建树的通才——实业家、科学家、发明家、外交家、文学家、思想家。除此之外，他还帮助美国最早的十三个殖民地实现独立，成为开国元勋。

本杰明·富兰克林成功的关键，在于不断在工作、精神和道德上提升自己，后者尤为重要。从二十岁起，他就开始坚定地磨砺自己，提升道德情操。当时，他设计了一个能激励他培养多种美德的计划。

作为一个务实派，他列出了一个包含十三种美德的清单，并制作了图表来记录进步。每周他都会专注于一种美德的学习或精进，同时保持其他美德。每过去一周，他会开始学习或精进另外一种美德，以此类推，最终在一年内完成每种美德的四个学习周期。如果某一天完成目标，他会在图表上标记一个“×”。当他第一次执行学习计划时，发现自己在图表里的空格很多，甚至到处都是。但随着时间的推移，标记的“×”不断增加。

这十三种美德包括：节制、缄默、秩序、决心、节俭、勤勉、诚实、正直、适度、整洁、平静、节欲和谦逊。每天早上他都会问自己一个问题——今天我能为别人做什么好事？这种思考帮助本杰明·富兰克在日常生活中做出了很多为同伴服务、使社会受益的好行为。每个晚上，他又会回答自己这个问题——我今天做了什么好事？借此反思自己如何度过时光、是否完成了计划中的美德，以及是否向他人伸出援手。

虽然富兰克林从未达到“道德完美”，但他清晰地感觉到这种努力大大改善了他的人生。他说：“我如此雄心勃勃地想达成道德完美，却从未达到，甚至感觉相差甚远。但如果不尝试努力，我也不会成为现在这样一个更好、更幸福的人。”

东方人也非常讲究美德，崇尚美德。儒家思想常说的五常之道，就是做人要有最起码的五种美德——仁、义、礼、智、信。仁指的是以人为本，富有爱心；义指的是坚持正义，保持节操；礼指的是注重礼仪，尊重他人；智指的是提高认知，服务社会；信指的是诚信守法，一诺千金。儒家认为要用五常作为社会一切成员之间的相处原则，以此处理和调节人与人之间的关系，进而组建和谐社会。

前文提到，当情绪产生之后，我们应该认识到情绪背后的那个思维故事，尝试去改写它，将负面情绪变为正面情绪，帮助我们解决问题，达到目标。本杰明·富兰克林定义的十三种美德也好，儒家的五常之道也罢，都告诉了我们：美德是可以主动地去打造的。我们可以用这些美德进一步设定每天想锻炼和提升的核心价值观。

核心价值观会告诉我们方向，不断完善我们的思维故事。直到某一天，我们可以将这些核心价值观融入生活里的一言一行，也就真正变成自己想成为的样子。

比如，我在五年前定下了五个核心价值观，分别是平和、耐心、坚持、慷慨、慈悲。我想成为这样的人。每天早上我都会想想，当我拥有这样的价值观的话，我的心态会是怎么样。更重要的是，我会想一想昨天已经发生的或者今天可能会发生的种种事情，将会如何帮助我锻炼我的核心价值观。当我在改写思维故事的时候，我会思考新的思维故事怎么让我更平静，更有耐性，更有毅力，更愿意付出，更富慈悲心。核心价值观就像灯塔一样，引导着我持续改写下去，帮助我成为想成为的人。

比如，创业在很多时候会经历大起大落。做得好，投资者围着你转，做得不好，可能走了几十个地方也没人愿意给你投钱，那时心里肯定不好受，而我告诉自己，这就是锻炼平和的最好时机。因为越有挑战，越有起伏，越需要有平和的心态去应对，所以我愿意把这样的挑战当成锻炼平和这个核心价值观的最佳机会。

历史上那些真正成功的人，总是抓住一切机会不断提升自己，把自己打造成自己想成为的人。孔子曾说过："吾十有五而志于学，三十而立，四十而不惑，五十而知天命，六十而耳顺，七十而从心所欲，不逾矩。"意思是十五岁就立志学习，三十岁有所成就，四十岁遇到事情不再感到困惑，五十岁知道哪些是不能为人力支配的事情而乐知天命，六十岁时能听得进各种不同的意见，七十岁可以收放自如却又不超出规矩。本杰明·富兰克林在晚年的时候也说："我虽然没有100%成为想成为的人，但我知道我犯错的概率越来越小了。"

在每天的工作和生活中，我们应该做到愿意将眼前的问题当作成长的机会，让自己拥有想拥有的美德，抓住这些机会把自己打造成想要成为的人。每个人都有机会，而且是主动的机会。假以时日，你就会发现自己的成长真的特别快，越来越接近自己想要成为的人。按照这样发展下去，我们也有最大的机会可以获取真正的成功，而且是许多年后大家都会记住的那种成功。就算一时没能获取外在成功，人生也会非常有意义和价值。

第五章

多元化

引文　什么是正确

在现有的知识领域范围内，科学领域和人文领域之间有一些明显的差别：在科学领域，你可以采用客观的数据进行证明，还可以进行复制，用同样的条件、同样的操作，就可以得到同样的结果。人文领域往往没有正确或唯一的答案，萝卜青菜，各有所爱。

工业革命后，科学蓬勃发展，驶入快车道，成为人类发展和探索世界的主要方式与标准。这种发展在教育领域有两个非常明显的特征——专业细分化和答案精确化。

回想一下我们的学习经历，几乎每道题都有一个正确答案，你只有选对了才能得分，其他答案都是错误的。即便是多选题，也会有一个正确答案的组合。可能只有语文存在一些没有正确答案的主观题。这也让习惯了标准答案的学生无所适从，没有一个所谓绝对正确的答案，也就没有了一条可以引领我们的明确路径。

其实，教育并非一贯如此。在工业革命之前，传统教育的核心不是科学，而是信仰，这也是为什么最初西方高等学府多是为培养神职人员而专门创建的。那时的教育体系中，无论在东方还是西方，都存在一些“真理”，比如东方的儒家学说。汉武帝“罢黜百家，独尊儒术”之后，儒学便受到统治阶级的一致推崇，成为两千多年来中国及东亚地区的主流思想。西方的“真理”更多是宗教化的内容，尤其在宗教对社会有着绝对控制权时，教义成为唯一正确且不变的“真理”。儒家虽然不是严格意义上的宗教，但其思想也被认为是永恒不变、始终正确的。

到了现代社会，真理的内容逐渐发生改变，从信仰变成了科学。任何知识都被要求以科学的角度来诠释或证明。如果科学家提出了一个假设，就需要在实验或现实生活中找到支持假设的数据或证据。如果这个理论被证明是可复制的，那这个理论就是科学的，是真理。

而不管在什么时代，教育体系一直都在告诉人们：这个世界存在着对和错，这个世界应该存在对和错。在这种强调唯一正确答案的教育环境熏陶下，很多人都会产生一个思维故事——这个世界有对错之分，而且确信自己脑海中的思维故事就是对的。

事实上，面对同一个问题，人们可以有很多不同的观点，这些观点未必有对错之分，只是因为内在基因、教育背景、成长经历等方面的不同，各人在潜移默化中形成了独特的思维故事。

即便是科学，也只是现在最好的假设。同一研究领域里经常存在不同的学派和研究方向，就算现在被认为是“对”的理论，一旦有新的、确凿且与之不符合的研究结果出现，前者也就自然被推翻了。

从这个角度来看，所谓的“对错”只是暂时的，没有绝对不变的真理。很多事情并非只有一个正确答案，而是可能存在很多正确的答案。

第 1 部分

如何定义对错

第 1 节　什么才是真理

讲到对错，尤其讲到对的时候，很多人常常说要坚持真理，因为真理就是绝对正确的东西。在工业时代之前，西方社会的“真理”是宗教教义。回看基督教，就会发现一些关于“真理”的历史。

基督教创立之初，罗马帝国视其为邪教，一旦发现基督教教徒，便会立即残酷镇压，或者将其钉在十字架上，或者施以其他酷刑。这种情况持续了三百多年，直到君士坦丁一世（西罗马帝国皇帝）在位时才发生改变。

据说，在米尔维亚桥战役前夕，君士坦丁一世梦见了耶稣。耶稣教他把一个符号放在旗帜上，君士坦丁一世照着去做了，结果大获全胜。次年，君士坦丁一世与李锡尼（东罗马帝国皇帝）联合颁布“米兰敕令”，确立了基督教在罗马帝国境内的合法地位。

罗马帝国分裂后，基督教也分裂为天主教和东正教。当时，教皇的地位，以及圣子、圣父、圣灵三位一体的关系究竟是如何彼此独立又互相关联等问题，引起了两派的激烈争论。在宗教教义、宗教仪式和组织结构等方面，两派也开始有所不同。

1517 年，德国牧师马丁·路德因为不满罗马教廷的腐败，在维滕堡大教堂门前贴出了《关于赎罪券效能的辩论的九十五条论纲》，一场轰轰烈烈的宗教改革序幕就此掀开。这场宗教改革从德国开始，蔓延到欧洲乃至整个世界。之后，罗马天主教发生了第二次分裂，逐渐形成了新教、天主教、东正教三教鼎立的局面。

英国的宗教改革则是由一场离婚案引发。英格兰国王亨利八世因为皇后一直生不出儿子，于是想离婚。但在当时，离婚需要天主教神父的同意。亨利八世就向教皇申请，可教皇不同意。于是，亨利八世掀起了宗教改革，不仅断绝了英国教会与罗马教廷的关系，还将自己定为英国教会的最高领袖，改立安立甘宗为英国国教。一批不满安立甘宗的清教徒（清教徒派是新教的分支）离开英国，来到了北美，成为美国的第一批移民。

殖民时代有一个非常有趣的现象，欧洲殖民者占领殖民地后，都会派牧师去传教，但传教士所属教派各不相同，既有天主教传教士，又有新教传教士，殖民地的人民就很迷惑，大家都相信同一个上帝，为什么却互相指责，互不承认？虽然基督教的所有分支都相信上帝，都相信耶稣，但因为每个群体各有各的思维故事，互相打得不可开交，彼此都不肯让步，认为自己坚持的才是真理。

在中国也有类似情况，孔子之后，儒家分为六派。孟子说人性本善，荀子说人性本恶，告子则说，人性可善可恶。秦朝打压儒学，焚书坑儒，以至于直到西汉前期，儒家的影响力都远不如“黄老之术”，直到汉武帝“废黜百家，独尊儒术”后，才开始兴盛。

魏晋五胡乱华时，儒家失势，过了七百年，宋朝皇帝赵匡胤重新提倡，才迎来了复兴。明朝开国皇帝朱元璋把四书五经作为科举考试的主要内容，使儒家思想变成了举国上下的唯一思想，任何想通过读书改变人生的人都必须接受。到了十九世纪末，中国又掀起了一股反思热潮，争论儒家思想是不是中国落后的主要原因。五四运动之后，很多人批判儒家文化，“文化大革命”时期也大力“反孔”，直到改革开放，儒学才又重新发展起来。

无论客观事实是什么样，到了每个人那里都变成了一个个主观的思维故事。我们探讨上述内容并非为了研究宗教或学说本身，而是从思维故事来看：一开始可能起源于同一个思维故事，时移世易之后，就演变出无数个不同的思维故事，而且每一个人或者每一群人都认为自己坚持的是真理。

进入工业时代，真理的定义及求证的方法逐渐发生变化，科学取代宗教。科学可以说是主观世界和客观现实的结合。很多所谓的真理不再只靠自己或一群人的主观想法来证明，而要靠客观事实来验证和复制。于是，人们开始“信仰”科学，相信科学会给我们带来唯一的、不变的答案。

有了科学之后，我们就不需要担心真理会被思维故事干扰了。当一个“真理”产生或被提出之后，可以先在客观世界里测试一下，看看数据能不能证明，结果能不能复制，如果确定了，那就是真理，反之就不是，人们的想法因此可以被统一。

第2节 关于科学的哲学理论

从哲学角度研究科学的学科被称为“科学哲学”，主要以科学活动和科学理论为研究对象，围绕着科学的认识论与方法论，探讨科学的本质、逻辑思维、研究方法（如观察、实验）和理论构建等问题。

科学哲学的萌芽可以追溯到亚里士多德那个时代，可以说是自从科学出现就已经存在了。我们常说的科学其实是近代科学，大约形成于十六世纪，这里探讨的科学哲学是与之对应的，出现得更晚，直到二十世纪才成为一门独立的学科。到二十世纪四十年代，卡尔·波普尔通过批判理性主义完善了这门学科。

卡尔·波普尔认识到，人类在科学探索中所接触到的数据虽然不少，但相对于整个浩瀚的宇宙来说，还是非常渺小的。因此，未来会有其他更多、更好的数据来推翻之前的假设，或推导出新的假设来予以重新解释。而现有的科学理论只是现有条件下最好的假设，未来只要有一个否定的数据出现，就可以被推翻。

回顾历史，过去一度被认为是“唯一正确”的科学理论后来被推翻的例子比比皆是。比如物理界的“玻尔原子理论”，学过物理的人都知道原子的大致结构，原子的中心是原子核，由带正电的质子和不带电的中子组成，原子核的外部存在着带负电的电子。

物理学家对于原子结构的认定并不是一蹴而就的，其实经过了一次又一次的证伪和更新。早期时候，从约瑟夫·约翰·汤姆逊“葡萄干蛋糕模型”开始，人们认为电子是分布在原子核中，像葡萄干点缀在一块蛋糕上的样子。后来，欧内斯特·卢瑟福提出了卢瑟福模型（也叫太阳系模型），认为电子绕着原子核的中心在运动，就像太阳系的行星绕着太阳运行一样。

之后，尼尔斯·玻尔提出玻尔原子模型，在卢瑟福模型的基础上引入了普朗克量了概念，认为原子中的电子在一些特定的轨道上绕原子核作圆周运动，离核越远，电子的能量越高。在这些轨道上运动时，电子处在一系列分立的稳态，原子不发射也不吸收能量，只有当电子从一个轨道跃迁到另一个轨道时，原子才发射或吸收能量。

在当时，玻尔原子模型可以说是描绘出了完整而令人信服的原子结构学说，在领取 1922 年诺贝尔物理学奖时，玻尔本人却严谨地表示，这一理论还处在十分初级的阶段，还有很多问题需要解决。

之后，著名的奥地利理论物理学家、量子力学的重要奠基人之一埃尔温·薛定谔提出了著名的薛定谔方程式，对电子运动做了适当的数学处理，将其以三维图形的方式表现出来，也就是电子云模型。

人们发现，电子并不像人类想象那样存在确定的运动轨道，电子层之间可能相互重叠。我们甚至不能预测，一个电子在某一时刻究竟出现在原子核外的哪个位置，直到你进行观测的一瞬间才能确定它的位置。我们只能知道电子出现在某处的概率有多少，如果用三维图形来表示，这些概率就像是一片笼罩在原子核周围的云状物，因此被称作电子云。

这是我们截至目前所知道的最新假设，从 1897 年电子被发现至今，一百多年，期间经历了约瑟夫·约翰·汤姆逊、欧内斯特·卢瑟福、尼尔斯·玻尔、埃尔温·薛定谔等多位物理学家的无数次研究更新，而我们还不能认为目前的假设或理论就是“唯一正确，永远不变”的。

类似案例在每个科学领域都存在。医学也是如此。最初，医学界认为，人体内的微生物都是不好的，它们是传染病流行的主要因素。因此，人类发明了抗生素和疫苗，用以杀死这些微生物。但现代医学证明，人体内的微生物也有好坏之分。

成人肠道中的微生物数量超过一百万亿，数倍于人体细胞总量。

在漫长的进化过程中，人类与微生物达成了一种互利的共生关系，有些微生物在人体内发挥着重要的正面作用，比如双歧杆菌、乳酸菌，不仅有助于人体消化吸收、促进新陈代谢，还能提供免疫保护功能。有些微生物虽然是“坏菌”，但也需要在一定条件下才会致病。所以，人类之前对微生物的认识是很片面的。

讲到抗生素，人类对它的认识和判断也在不断更新。二十世纪四十年代，抗生素开始被大范围应用，救了很多人的命。在此之前，如果你身体某个部位有炎症，只能靠自己的免疫力来修复，外伤感染死亡率非常高。那时候，人们觉得抗生素真的是一个彻底的好东西。

但是，现在的看法不一样了。在很多国家（尤其是发达国家），小孩子会产生各式各样的过敏，这是前几代人都没有过的情况。于是，科学家做出“卫生假设”，认为在成长早期接触到的细菌少了，之后发展出过敏性疾病的机会就变大。也就是说，随着医学水平和卫生条件的不断提高，人类把周围环境中的细菌杀死得太多，孩子与大自然的接触时间也比之前少很多，因而可能更容易造成过敏。

另一方面，过量使用抗生素，会使细菌产生抗药性，降低效果。医学界有一种担心，滥用抗生素也许会导致人类回到之前的时代，只能靠自身免疫力来疗愈。

不难发现，每个人从小学到的，无论是物理、生物、医学还是其他任何科学领域，曾经被认为是真理的东西，都有可能会被证伪。如果将科学理论也理解成一种思维故事，就可以发现，一个又一个曾经被认为正确的思维故事，在客观世界里都被不断更新甚至推翻。

社会不断发展，科技持续进步，旧的真理就会被新的真理所取代，不断循环，周而复始。我们能够了解到的科学理论，只能说是目前最好的假设，而非永远最好的假设。当然，假设是有其意义的，因为人不能没有可以相信的东西。

客观层面的科学如此，主观层面的认知更是这样。有些人还是会认为世界上存在着一些永恒的真理，例如有人说："Do unto others as you would others do unto you"，意思就是"己所不欲，勿施于人"。但这句话同样不是完全正确的，你为别人做了什么，希望别人为你做些什么，都只是你自己的思维故事，别人想的很可能和你不一样。

我们应该认识到，现在拥有的思维故事是好的，它给予了我们帮助，让我们获得了从过去到今天的成就，即使在未来的某一天会被推翻，也是有价值的，因为这是现在这个阶段能够解释客观世界的、最好的主观认知。我们也应该认识到，现在拥有的思维故事是可以被修正和改进的，它不是“唯一正确”和“永远不变”的，如果我们还停留或满足于昨天的状态，就不能真正走进更好的明天。

第3节　科学本身是思维故事吗

不妨这么来理解：科学就是我们在现阶段力所能及的基础上，对客观世界做出一系列反应，进而形成的思维故事。当下的科学理论只是凭借现阶段能够获得的数据与证据得出的，我们不能排除一种可能——在未来获得更多数据从而推翻现阶段“正确无误”的科学理论。

而和人有直接关系的社会科学领域更为如此。当我们用科学的方式去解释自己，解释人类社会，就会不可避免地遇到很多不确定因素。怎么去设定和处理这些不确定因素，又怎么看待因素间的相互影响呢？

在经济学中有两个著名的基本假设。

第一个：假设所有其他条件相同。

比如，讲到利率，就要假设其他变量不变，只调整利率，会得到什么样的结果。很多的调查研究、政策分析、操作运行都是这样假设的，但现实世界显然要复杂得多，变量的种类繁多，受影响的程度和方式也各有不同。

第二个：假设所有人都是理性的。

脑部的构造决定了人类不是恰好有些情感的理性动物，而是偶尔有些理性的情感动物。每个人都在按自己的逻辑做事，但因为每个人的思维故事都不同，各人的理性也很难一致。

虽然上述假设并不完全符合实际情况，但在工业革命后的两百多年里，科学研究的进步却都是建立在一系列假设之上的。我们只研究那些看起来理性的、可以被量化的东西。科学界普遍认同，这是为了方便分析理论而做出的假设条件，但得出的理论结果难免会和实际事实存在差距。

例如，当利率低的时候，理论上无论个人还是企业都应该更愿意贷款、投资或消费。若利率接近于零，相当于银行免费借钱给你，人们更应该愿意花钱。这听起来很符合逻辑，长期来说可能如此，短中期来看却并不一定正确。

美联储从 2007 年 9 月份开始逐步降低利率，一年之后降到 2%，当时担心会引发通货膨胀，本已决定不再降了。但直至 2008 年底，这一举措还没能化解金融危机。为了阻止经济进一步下滑，美联储于当年12月16日决定将联邦基准利率下调至历史最低点的0.25%，被称为“零利率时代”。

理论上只要这样，肯定会有很多人愿意贷款，美国的个人和企业就可以以极低的成本获得资金，从而刺激消费和投资，促使经济回暖。但现实情况恰恰相反。进入零利率时代后，个人和中小企业能实际获得的贷款还是在不断减少，因为很多银行不愿承担风险发放贷款，担心贷出去后对方还不上钱，也担心房价跳水，即使变卖房子也不够抵债。随着金融危机持续恶化，不断向实体经济扩散，绝大多数消费者对市场失去信心，获得贷款的企业也不愿意拿去投资。

降低利率这招不管用，美联储就开始尝试其他方式。首先，让很多投行变成银行控股公司，例如高盛、摩根斯坦利、摩根大通，它们不再只是投行，于是可以拿到非常低成本的贷款。其次，推行量化宽松政策，不断购买国债等中长期债券，增加基础货币供给，向市场投入大量流动性资金，也就是增印钞票（俗称“放水”），从9000亿美元一直“放”到4.5万亿美元。再次，美联储放出消息，告诉市场，以后会怎么调整利率，让别人知道未来一段时间内都是低利率，促使人们更有动力去贷款，去投资。

可一直到2019年，美国的通货膨胀率依然在2%左右，没有怎么上升。很多经济学家非常疑惑，放这么多水，怎么会没有通货膨胀？经济回转之后多久会有通货膨胀？

这个问题其实受很多因素影响，不能只从一个角度讨论。市场里有各式各样的人，思维故事都不一样。当政府管制加强，一些银行有顾虑，不想贷款，一些公司拿了贷款不去投资，反而炒高自己的股价。从他们自己的思维故事来看，这些行为都是合理的，因而造成了市场现实与经济理论的不一致。

日本的情况也很相似。为了刺激消费，提振经济，日本也推出了量化宽松政策。2012年底，安倍晋三出任日本第九十六任首相，加速推出一系列刺激经济的政策，被称为“安倍经济学”，主要由金融政策、财政政策和结构性改革政策“三支利箭”构成，具体措施包括无限制实施量化宽松货币政策，推行大规模的公共投资，改革社会体制等。

安倍晋三希望通过创造通货膨胀预期，让消费者感觉到物价得上涨，钱不值钱，推动他们尽快购买那些预期中的商品，带动消费和投资；同时还希望通过日元对外币贬值，来提升日本商品的出口竞争力。但实行一段时间后，情况起起伏伏，整体效果不明显。

综上所述就能发现，我们很难在现实中只设定一个变量，让其他因素保持不变，每个人都有自己的思维故事，也有着影响自己的不同因素，并不一定会按照共同假设行事。所以，很多时候只要科学领域涉及人这项因素，那些理论就只能是一种理想状态下的可能情况，有参考价值，但未必绝对正确。

第2部分

多元化思维的重要性

第1节　丰富和修正思维故事

据史书记载，唐太宗李世民问大臣魏徵："人主何为而明，何为而暗？"作为君王，怎样做才算贤明智慧，怎样做是昏庸糊涂？魏徵回答道："兼听则明，偏听则暗。"听取多方面的意见，才能明辨是非，如果只听信单方面，就容易错误判断。

为什么"兼听则明"？原因很简单，每个人的思维故事不同，遇到同样一件事，情绪反应和思考角度可能不一样，你有这样的判断，我有那样的认为，从你的角度看，你觉得你是对的，从我的角度看，我觉得我是对的。

对君主来说，重要的不是判断事情的对错，而是通过事情了解每个人背后的立场和思维故事，从而做出自己的选择。人类作为群体动物，做任何大事都需要他人的协作和参与。更多地了解别人的思维，提升自己，影响别人，使双方的思维故事趋于接近，才有机会建立长期的合作模式。

不管在古代还是在现代社会，想要获得成功，只局限于判断事情的对错显然不够，必须具备多元化的视角和思维。因为单纯的对与错往往很少出现，仔细探寻下就会发现事情的背后总有层出不穷的观点与角度，以及内在的思维故事。

遗憾的是，在当代的教育环境下，人们大多养成了两种惯性思维：第一，总是认为自己的想法是正确的；第二，总是试图说服别人接受自己的思维。而那些真正完整的人，往往拥有多元化思维。他们认识到，自己的思维对自己来说是正确的，但不一定绝对和永远正确。同一个问题可以产生很多不同的思维角度，别人的想法也可能是正确的。

更好地完善自己，更好地带动别人一起往前走，这就是多元化思维。我们应该更多地认识和了解别人的观点，以及这些观点背后的思维故事是如何形成的。也只有了解了这些思维故事，你才有机会更好地影响对方，聚拢对方。

需要强调的是，多元化并不代表放弃自己的思维，失去自我，而是在保有自己观点的同时，敞开怀抱，倾听更多的声音。

要知道，任何理论不经过碰撞和修正是不可能完善的。现有数据支撑起一个“正确”的科学理论，并不代表它永远正确。思维也是一样，现有数据证明自己的思维故事是正确的，并不代表它永远正确。

科学不能没有“假设是对”的理论，人也同样需要有“假设是对”的思维故事。我们得对这个世界有反应，所以就不能没有启发模式，而你又必须相信它是对的，才能使之产生反应。

在此基础上，我们应该意识到，针对同一件事情还有很多其他的启发模式，对其他人来说，它们也可能都是对的。这就驱使我们不断从别人的角度来搜集信息，看他们的思维故事是怎么形成的，这些思维故事是怎么引导他们行动的。

真正的成功者都具备这样一个共性：积极地自主思考，坚持自己的理念，同时也很开放，愿意倾听和接纳别人的观点。因为他们深知，其他人的观点也是经过学习、沟通、思考甚至失败总结而成的，是对方认为最正确的观点。

当然，这其中也会碰到很多问题。比方说，一个人的观点可能直接就是他的思维故事，但也可能只是表面的说辞。有些人怕自己的思维故事不被旁人接受，于是不得不把它隐藏起来。

有些人对数字很恐惧，谈及和数字有关的话题，就会有负面情绪。他知道这并不是一个好的思维故事，于是也就不会在沟通过程中直接告诉你说："我不想讨论这件事，我看到数字头就大。"而是会说："我觉得事情的重点不在这些数字，不妨考虑得更人性化一些。"或者说："整天讨论冷冰冰的数字有意义吗？有时间不如多想想怎么提高体验。"这是他的观点，但背后隐藏的思维故事你一时又无法获知。

当一个人能直面自己的缺陷时，他可以很坦然地和你分享缺陷背后的思维故事，但如果他还没走出这个坎，就不会把真实的一面暴露出来，甚至会换着法子更加坚持原有的观点。

"世界头号对冲基金"桥水基金的创始人雷·达里奥提出过一个概念，也是该基金的工作原则，叫"极度真实和极度透明"，目的是鼓励大家把自己的观点和想法毫无保留地提出来。

这个概念的形成要追溯到雷·达里奥刚建立桥水基金之初，当时的墨西哥政府已经向美国借了很多钱，但因为财政管理不善，竟然濒临破产，墨西哥货币贬值非常厉害。雷·达里奥觉得美国股市肯定要大跌，因为美国有很多公司和机构都拥有墨西哥债券，墨西哥经济出了问题，债务违约，美国股市肯定要跌，这说法听起来非常符合逻辑。

结果，美国股市竟然大涨。由此，雷·达里奥认识到，这种简单的思维故事可能在大多数情况下是正确的，但并非每次都对。特别是当你坚信它永远正确的时候，那往往就是出错的时候。

在投资方面，雷·达里奥认为，一定得让一群人坐在一起，公开地说出为什么自己要做这个决定，假设条件是什么，怎么分析现有的数据，又是如何得出结论的。就算拥有同样的数据，每个人分析的方式不同，每个人的经验也不同。如果这些全部都能说出来，那大家坐在一起可以做出更好的决定。

桥水基金现在是世界上最大的对冲基金，有一千六百亿美元资产，一般的对冲基金有一百亿美元规模已经不得了。桥水基金那么大的资金体量还能获得非常好的业绩，引来业界一致称赞，秘密就在于这么多年一直坚持极度真实和极度透明。

真正的成功者非常愿意观察和听取不同角度的思维故事，并且不断地深入挖掘和求真去伪。也许别人的这些观点日后被验证是错的，那也没关系，至少让我们认识到世界上存在这些不同的观点；当然那些被证实是正确的观点更加可贵，它可以丰富和修正我们的思维故事，使自己的思维故事更为多元化。

第 2 节　学会“和成式沟通”

科学家发现，人类肠道内的神经元数量仅次于大脑。1995 年，美国哥伦比亚大学教授迈克·格尔森提出了肠道是人类“第二大脑”的概念。美国人常常说有一些直觉好像不是从大脑来的，而是从胃里来的，现在看来还是有一定科学依据的。

科学家还提出各式各样的假设，讨论大脑神经元和与肠道神经元之间的关系，微生物在肠道里怎么影响神经元，更重要的是甚至怎么影响我们的思考。科学如此，我们人生中的思维故事也应如此。每个人的思维故事都可以在跟他人接触之后，不断改善和进步。

“和成式沟通”就是完善思维故事的一个很好的方式，它可以帮助双方真正了解彼此，更快更有效地寻找共识，还能帮助我们学会跳出自己的角色，完善原有的思维故事，在信息更充分的基础上，做更全面的决策。

日常沟通中，人们常常会用到一类句式，诸如“是，但是……”“你说得很对，但是我觉得……”或者“不，我不同意，我觉得这件事情应该是这样的……”和成式沟通非常简单，就是用“是的，然后”来替换“是的，但是”或“不”。这个改变看似很小，却能解决很多矛盾。

举一些很典型的例子。第一类是企业里的管理关系，第二类是家庭中的夫妻关系、亲子关系。

很多老板认为，员工一定要管，因为很多底层员工做事松散，如果不好好管理，不把考核标准定得很严，肯定会出问题；另外一些老板认为，员工需要激励，尤其在信息化时代，员工的管理难度比以前大，很多时间并不在办公室里，可能在网上工作，也可能在公司外面跑，管理者一定要激发员工的主动性，光靠外力管理是不行的。

我们可以让拥有这样两个不同观点的管理者进行和成式沟通，沟通原则就是保持各自的立场不变，每次沟通只能用“是的，然后”这个句式，也就是先要了解和复述对方的观点和思维逻辑，之后在不使用任何反对和转折等语句和意思的情况下，把自己的观点和想法加以丰富并重新表达。

接下来的场面就非常有趣了，可能会闹出各式各样的搞笑场面，很多人听完对方的观点后，连“是的”都不说，马上就会重申自己的立场，拿出各种证据反驳对方；很多人勉勉强强复述完对方的观点，却根本说不出“然后”这个词，因为太习惯讲“但是”“不过”这些转折词语；有些人表达对方的立场，解释对方的理由时，思考速度变慢，变得小心翼翼，害怕违反规则，结果结结巴巴。

这些都是正常现象，因为我们的习惯已经根深蒂固，要改变的确有一定难度，但只要不断练习，很快就会找到窍门，感受到和成式沟通的优点和效果。

例如，要管员工的老板会说：“是的，管理员工就是要激发他们的主动性，现在市场变化这么快，老板没法什么都提前规定好。然后，在激发员工创造力的过程中，如果有更好的衡量标准，就能让他们认识到哪些做了可以有收获，哪些不需要做。”

赞成给员工自由的老板会说：“是的，员工是要管理的，很多员工刚踏入社会，不知道要做什么，管理也是对他们的一种帮助。然后，在管理的前提下，也希望他们有创新能力，给他们一些大指标，不去教他们怎么做，让他们自己想办法达到，达到之后我们还会有所奖励。”

从一开始的针锋相对，到各有千秋，再到最后觅得共识点，两个人都会觉得自己的思维故事变得更加完善了。

夫妻之间争吵最多的话题往往是子女教育。例如，“散养型”家长会说：“孩子为什么要这么辛苦？年纪那么小就得学这么多东西，把创造力都扼杀了，这样的童年一点乐趣都没有。”而“鸡血型”家长会说：“绝对不能输在起跑线上，别的家长都在拼命给孩子报班，他们的孩子学各种东西，我们孩子不学怎么行？要被落下一大截啊！”

经过学习和练习和成式沟通，情况就不一样了。“散养型”家长会说：“是的，孩子的学习是要抓，不然一天到晚玩游戏，时间都浪费了。然后，在我们帮他规划作息时间的时候，可以考虑抽出一段时间，鼓励他做自己想做的事，激发他的创造力，帮助他找到热爱。”“鸡血型”家长会说：“是的，孩子就是要给他创造力，让他拥有热爱，因为以后的世界需要的不是死记硬背的人，而是有创造力的人。然后，创造力需要投入时间来培养，我们通过给他布置任务，培养他安排自己时间的能力，可以不断提高他的创造力。做好任何一件事情都要投入一万个小时，创造力也需要不断地训练。给他这样的安排也是在帮助他激发创造力。”

目标一致，但做法不一致的时候，人们的争论往往最多。大家明明有着共同的目标，却还会吵得不可开交，就是因为听不进别人的想法，只觉得自己的思维故事是唯一正确的。

和成式沟通可以让每个人更好地倾听别人的观点和想法，更好地完善自己的思维故事，最终有可能你还是不认同对方的观点，但通过这样的沟通，完全可以更好地朝着共识的目标去努力靠近。

我自己就有强烈的亲身感受。在中国，人们讲究和谐与谦虚，埋头苦干。在美国，人们讲究个人主观能动性，要站出来发出自己的声音。很多华裔觉得他们在美国不能更上一层楼是因为中国传统文化的约束，让他们不愿意站出来说话，怕打破和谐，只希望以默默工作换来上司的认可。

其实，美国也需要更多的和谐与沟通，美国社会现在讨论最多的就是两党极端化，支持民主党和支持共和党的人几乎不能沟通，政府常常停摆，这不是最好的结果。和谐低调与主动表现都是很好的思维故事，如果有机会能做到兼容并蓄，为什么不呢？

表面看上去，民主党和共和党在很多方面都存在分歧，甚至势不两立。例如民主党要征更高的税，这样能让政府有更多的钱，为人民做更多的事；共和党认为要减税，这样才能刺激经济，让人民有更多的钱做自己想做的事情。但两方的目标其实是一致，大家都希望美国经济成长，每个美国人都能受益，但在做法上却非常对立。

用和成式沟通的角度观察，就会发现：有时候，高税率有高税率的意义，低税率有低税率的用处，只要能帮我们达到目的，都可以在合适的时机和环境被使用。如果要让消费者少开车，少用汽油，从而减少和避免环境破坏，政府可以增加汽油税；如果希望企业多做研发，政府可以在研发方面减税，从而鼓励公司投入更多人力物力成本。

政府管制是民主党和共和党的重要分歧：民主党提倡“大政府”，实施更多的管制，他们觉得这个时代老百姓在大企业面前太弱了，如果没有政府出手，他们没有任何能力与之抗衡；共和党青睐“小政府”，该放权就放权，他们认为现在时代变化快，一直有很多超前的、难以预测的事情发生，政府管制常常起反作用，应该让市场来主导和决定，要让个人和企业充分自由地发展。

美国食品药品监督管理局（简称 FDA）对新药审批上市就是一个典型例子。在美国，一个普通的新化合物从最初发现到申请上市，大约需要十年以上的时间。临床前的研究和试验一般需要四到七年，之后还有三期临床实验，每期从几个月到几年不等。某些药物在获批上市之后还会被 FDA 要求做第四期临床实验。很多人认为对药物进行多番试验、长期考量和严格审批是一件好事，一个新药对人到底有没有帮助，有没有副作用，需要大量时间和多次测试才能知道；另一些人则认为，有太多病人急需使用新药进行治疗，很多人可能等不到十年。

人们做大多数事情，目标一致，角度各异，想法不同，手段有别。这个时候，我们应该意识到多元化思维的必要性和重要性。深信自己的思维故事是正确的同时，也不放弃了解和接受别人的思维故事。尤其当别人的思维故事在客观世界被证实是有价值的时候，我们完全应该用之丰富和更新自己的思维故事。在这个过程中，和成式沟通是我们可以使用的一个好方法。

第3部分

拥抱多元化

第1节　拥抱恐惧，应用恐惧

多元化思维非常重要，但事实上，绝大多数人未必能跨出这一步，去拥抱更多的观点角度和思维故事。最主要的原因有两个：第一，内心怀有恐惧；第二，缺乏好奇心。

思维故事的产生满足了自身的重要需求——获得安全感。

最典型的例子就是风俗文化。首先，你相信有“唯一正确、永远不变”的风俗传统，可以由此获得内心的安全感；然后，你会觉得周围有一大批和自己有着同样思维故事的人，使你更好地融入群体之中。如果否定了这个思维故事，你将会失去安全感，失去对自我的肯定，以及被群体孤立。这是多么令人恐惧的事情！所以，绝大多数人不愿意接受自己的思维故事可能是错的。

事实上，在人类历史里，群体性对错的颠覆不止一次地上演。例如，缠足是中国古代的一种陋习，起源于一千多年前的宋朝，高峰时期，几乎每个女子都必须缠足，这也成为当时衡量女性美的一种标准。到了清末，缠足又被定义为落后的象征，慢慢退出历史舞台。类似例子还有中国早期的活人殉葬制度、美国的黑人奴隶制等。

要想更好地打破自身的固有思维，更开放地接纳他人的思维故事，就要做到拥抱恐惧，同时让自己充满好奇心。

乔治·巴顿是第二次世界大战中美国的著名将领，人称“铁胆将军”。他毕业于西点军校，指挥作战勇猛果断，雷厉风行，常常用鼓舞人心的演说激励部下，给人的印象俨然是一个无畏的将军。虽然出生军人世家，但巴顿最初非常不愿意上战场，害怕枪林弹雨，恐惧死亡，每到开战，浑身发抖，就想头也不回地逃跑。

后来，乔治·巴顿成功克服恐惧，用的就是之前提到过的形象化方法。在他刚刚参军、恐惧战场的那段时间，就不断在脑海中想象惨烈的战斗场景：自己可能被枪打死，被炸弹炸死，被敌人用刺刀捅死，他拼命把自己代入到在战场上看到的各式各样的死法中去，强迫自己去体会这种恐惧。

当他因恐惧想要退却的时候，会想起美国的主流价值观。美国人热爱胜利，讨厌失败，佩服强者，蔑视懦夫。在战场上，士兵必须为集体负责，为国家与人民献出一切。他还会想起自己的人生意义，出身军人世家，不能给祖辈丢脸，他的思维故事就是“家族荣誉重于生命”。

经过练习和调整，乔治·巴顿对死亡的恐惧变得越来越少。刚刚担任军官时，他总是跑到前线视察，表现得非常镇静。很多人觉得他疯了，其实他是在一次次地用形象化手段想象子弹、炮弹打过来时自己会怎么处理，然后用这种力量更好地领导自己和士兵。乔治·巴顿认识到，拥抱和应用恐惧，可以帮助自己更好地达成人生意义，继承家族使命，成为一名为国尽忠、战功卓越的优秀军人。

恐惧是一种情绪，它完全可以被当成信号和工具为我们所用。“战胜恐惧”和“克服恐惧”是很传统的说法，让我们下意识地把自己放在了恐惧的对立面。我们要明白，恐惧是战胜不了的，也无法克服，即使这次走了也会再次袭来。因此更应该拥抱和应用恐惧。拥抱的意思就是不逃避。当恐惧来临时，调整呼吸，进行吐纳，快速跳出“情绪化阶段”，然后用这个情绪获得更大的动力，也就是应用。

我们虽然会因为不同的原因而感到恐惧，但只要我们感受到恐惧，身体做出的反应是相似的，心跳加速、呼吸急促、肌肉紧张、浑身冒汗等。所以，只要我们能学会应对某一个恐惧的方法，就能够将其融会贯通到每一件让我们感到恐惧的事上，这具有非常重要的意义。我们对于恐惧的思维故事都是根深蒂固的，不会因一次两次的练习而有显著的改善，但“不积跬步，无以至千里”，练习如春园之草，虽不见其长，然日有所增。

每个人都曾体验过恐惧。最典型的一个例子就是公开演讲。想象一下，当一个人站在台上演讲的时候，就如同几百万年前我们的祖先面对令人恐惧的狮子一样，可能会出现哪些状况？

第一，承受不了恐惧带来的压力，于是选择逃避；

第二，在台上突然卡壳，忘了该讲些什么；

第三，应用恐惧带来的能量，超水平发挥，完成一次成功的演讲。

那些擅长公开演讲的人在即将登场时，除了感到恐惧之外，还会有些兴奋，这是体内分泌的肾上腺素所带来的反应。正因如此，恐惧更容易使人集中注意力，进入专注状态，抓住这个诀窍，往往就能超水平发挥。

我平均每年都要做几十场演讲。有时行程排得很满，一下飞机，还没来得及调整时差，就要开始演讲。长途飞行让人的精神状态有些昏昏沉沉，这也增加了演讲前的恐惧，但只要应用好这种恐惧，调整好自己，就能快速进入状态，非常投入和专注。而且，演讲之后，身体会感觉更有精力，这就是肾上腺素的作用。

平时，我们可以用形象化的方式进行一次次的练习，让自己不断直面和体验恐惧，直到最后能应用它。用人生意义给予自己支持，就像是在锻炼应用恐惧的肌肉一样，让其不断强壮。

第 2 节　充满好奇，活出智慧

不断学习和成长也是拥抱恐惧的一种长期锻炼，提升自己的认知能力，扩大认知范围，也就相当于扩大了对恐惧的接受度。

对学习来说，好奇心的重要性不言而喻。人在小时候最富好奇心，刚刚出生时什么都不知道，周围的世界都是新奇的，看到什么东西都想用手去摸一下，闻一闻味道，放进嘴里尝一尝。

但从小开始，不论家里还是学校，长辈们都会告诫我们，这个不要碰，那个不要玩。传统教育模式下，自由的想象力受到限制，我们以为只要学书本上教的就够了，不停地刷题，机械地套用解题技巧去应对考试。在这种教育体系里长大的孩子，学习的热情和好奇心会受到很大抑制。与之相对，真正的成功人士即使到了暮年，依然头脑灵活，思维敏捷，秘密就在于他们始终充满着好奇心，终身学习，不断成长。

当然，教育体系也在更新，我在《征途美国》一书里曾经提到，我进入哈佛商学院上第一堂课的时候，实在太不习惯了。传统授课方式是老师提出问题，学生寻找答案，而老师会在最后讲出正确答案。但在哈佛商学院，老师不仅不给出正确答案，还会鼓励学生分享自己的答案，允许不同的人有不同的答案。每个人拿到的初始数据和环境情况一致，但解题思路、经历经验不同，答案于是多种多样。

美国前国防部长唐纳德·拉姆斯菲尔德曾经说过一段非常著名的“绕口令”：将一个圆分成三个大小不同的扇形，最小的那一个扇形是“我们知道的东西”，稍大一些的扇形是“我们知道有些东西是我们不知道的”，最大的那块是“我们不知道自己不知道的东西”。

了解到“我们知道的只是非常少的”这个现状，然后充满好奇，满怀憧憬地探索“已知的未知”和“未知的未知”，这就是智慧。

当你认识到自己有太多“不知道”的时候，才会一直保有好奇心。因为你真的明白自己知道得太少。我们都觉得人类很了不起，处在食物链顶端，但绝大多数生命是由微生物组成的，现代科学对微生物的研究还很不够，99% 的微生物都是我们所不了解的。我们说很了解自己，但人类对大脑的研究很有限，大脑是怎么运作的，怎么帮我们思考的，这些我们所知甚少。我们要征服海洋，但人类对深海的探索也才刚刚起步，90% 以上的海底世界是未知的。更不要说地球、星系和宇宙。当你了解到这些，了解到人类的“无知”和“渺小”，就能带动自己的好奇心。

我们要充分认识到，不管已经活了多少年，积累了多少从业经验和人生阅历，取得了多大的成就，这个世界上仍然有太多东西是我们不知道的。如果一个人相信他已知道这个世界上所有该知道的东西，就会因此停滞不前。因为世界时刻都在变，以前学会的东西都在渐渐被淘汰，如果没有终身学习的好奇心，无疑是逆水行舟，不进则退，迟早有一天会被世界淘汰。

练习面对恐惧也好，让自己充满好奇心也罢，都是可以从生活中最常见的地方入手的。比如，你可以好奇别人的思维故事是什么，从哪里来的，有什么优点，有没有值得参考的地方，心中可以常常怀抱三个问题：

一、你的想法很好，我能不能重复一下你刚刚说的这些观点？

二、这个观点背后的思维故事是怎么形成的，能和我分享一下吗？

三、我了解你的想法了，根据你的思维故事，是不是接下去就会这么做了？

好奇心的练习并不复杂，平时和别人交流的时候就能进行，而且可以持之以恒。

我记得很清楚，有一段时间的晚上我无法入睡，觉得对一切都很恐惧：怎么可能世上没有绝对的对和错？难道随心所欲想做什么就做什么？这世界不就乱了吗？

我躺在床上，看着天花板，发现自己必须接受一个事实：在此时此刻，国有国法，国家有它自己定义的对和错；家有家规，一群人在一起也有他们定义的对和错；人各有异，每个人脑海里也都有对和错……如果我们要管理自己、家庭和社会，就需要有对和错，不然无规矩不成方圆。但这些对错在不断演变，并不是绝对正确、永远不变的。

在大多数国家，公民持有枪支是非法行为。美国允许公民持有枪支，只是每个州规定也不同。在得州、犹他州，你可以公开带着枪出门，甚至走进麦当劳；但在加州，这是不允许的，如果要带枪出来，不能上子弹，得放在带锁的地方。有些美国人觉得，枪支是维护个人权利和自由的有力保障；有些美国人则觉得，在文明社会就不应该允许枪支合法，这会造成很多不应该有的暴力、犯罪和死亡。同一个事情在同一个的国家，不同的州有不同的对错定义，不同的人也有不同的对错定义。

我小时候从来不接触枪支，成年之后认识了一些家族历史很看重枪支的美国朋友，和他们一起认识了枪支，一起去打猎，了解到许多他们关于枪支的思维故事。枪对他们来说，是一种家族传统，也是一种信仰力量，这更加充实和完善了我对枪支的认识。

在飞速变化的世界，没有绝对正确、永远不变的思维故事，你有你的思维故事，我有我的思维故事，每个人都要一边不断学习别人的思维故事，一边不断验证、测试、改善自己的思维故事，不断提升自我。

持有一个多元化的思维，就可以协同更多的人，达成共同的目标。要想真正做成一件大事，需要团队的力量，这就是多元化思维的重要性，也是思维故事在社会中最好的体现和结合。

请记住，我们无法控制恐惧，但我们可以学习如何直面恐惧、应用恐惧。好奇心是人类与生俱来的优点，要时刻珍惜和保护它。学会用不同的方式去了解和接受他人的思维故事，才有机会形成真正的多元化思维，这是真正的成功者都具备的素质。如果能做到这样，我们就可以一直充满智慧，充满活力地生活下去。

第六章

同伴

引文 同伴是重要的成长环境因素

在一个人的成长过程中，同伴起着至关重要的作用。

中国历史上关于同伴的例子比比皆是，比如晋朝的学者傅玄在《太子少傅箴》中写到“近朱者赤，近墨者黑”，意思是亲近好人可以使人变好，亲近坏人则可以使人变坏。

这方面最著名的故事无疑是“孟母三迁”。《三字经》对此的描述是：“昔孟母，择邻处。子不学，断机杼。”孟子的母亲为了给孩子一个好的成长环境，用心良苦，多次搬迁。从墓地附近搬到集市周围，最后搬到学宫附近。住在墓地旁，孟子学着玩办丧事的游戏；住在集市旁，孟子又学商人招待客人、讨价还价；最后住在学宫旁，孟子向文人学习起礼节，开始变得守秩序，懂礼貌，热爱读书。直到这时，孟母才认为这是对孩子最好的成长环境，孟子最终也成为一代大儒。

反面的例子则有“一傅众咻”。孟子听说宋国君主要施行仁政，特意跑去宋国，结果发现宋国的贤臣很少，庸人却很多，于是想要离开。宋国君主听到之后，便派大臣戴不胜去挽留，孟子便向戴不胜分享了“一傅众咻”的故事。楚国一位大夫请了一个齐国人教自己的儿子学齐国话，但儿子周围有许多楚国人，吵吵嚷嚷，整天从旁干扰，导致他很长时间也学不会。后来，这位楚国大夫辞退了老师，让儿子到齐国闹市里住了一段时间，儿子终于学会了齐国话。

英语中有句话叫：You are whom you surround yourself with，意思是“围绕在你身边的是什么样的人，你就会成为什么样的人”。围绕在我们身边的人一般是亲朋好友。“亲”指血缘亲属，“朋”则是朋友。我们无法选择亲人，例如你会成为谁的子女，是每个人在诞生的那一刻已经被决定了的事情，但我们可以选择朋友。

每个人的成长都是一个由家庭走向社会的过程。人在小时候受父母影响特别大，但长大之后，尤其在现代社会，我们一般就不和父母住在一起，甚至不住在同一个城市、同一个国家。随着年龄的增长，待在家里的时间越来越少。进入学校或工作之后，主要交际圈就变成了同学、同事和社会上的朋友。这时，影响我们的人便不再是血缘亲属，而是朋友。

毫无疑问，这些朋友将在我们的人生中扮演越来越重要的角色。所以，我们要去寻找志同道合的“同道伙伴”（英文叫 fellow traveler，也可以简称为同伴），建立能够帮助自己成长的“同伴团体”（英文叫 peer group）。好的同伴团体既是亲密的朋友群体，里面也不乏可以作为自己榜样的优秀人士，更能产生良性竞争，帮助我们快速成长，形成“同伴效应”。

第 1 部分

同伴：人生同道的优秀伙伴

第 1 节　同伴如何自然形成

人与人能够成为朋友，有四个重要因素。

第一个因素是邻近度。首先，双方要能接触。什么样的人更容易获得接触的机会？自然是离我们近的人，常常碰到，一回生，二回熟，自然就成了朋友。你会发现，朋友通常来自就近的地方，小时候是那些和自己年龄相近的同学、邻居家里的孩子、父母同事的孩子；踏入社会之后，朋友大多是那些经常能碰面的老同学、邻居、同事等。孟母为什么三迁？就是因为离得近的人会很容易成为孩子的朋友，进而对孩子产生影响。

第二个因素是归属感，也可以说是舒适感。无论在家庭还是和朋友相处，每个人内心的根本诉求是一样的，那就是潜意识中对自我完整的一种渴望，即“爱与安全感”。

美国有一个很大的社会问题，那就是帮派成员日益年轻化。这一社会现象的背后成因，归根到底还是“爱与安全感”的缺失。这些加入帮派的青少年大多来自缺乏关爱的家庭，他们需要一个有归属感的团队，在那里能得到更多的关注和爱。加入帮派能让他们感到安全，也可以证明自己的价值。

我在美国就读的高中是北好莱坞高中，这是一所天才公立学校，录取的都是“尖子生”，班中的每一个孩子都是非常优秀的。当时，班上有位白人同学，智商高，学习成绩也非常好。但是，到了高二，他突然像变了一个人似的，原来的一头金发染成了黑色，全身上下都穿成黑色，涂上黑色的指甲油，画了浓浓的眼线。不仅外形有了很大的改变，他的性格也开始变得暴躁，经常在课堂上捣乱，还和老师吵架顶嘴，甚至当众大声咒骂自己的母亲。

我就坐在他临近的位置，后来私下里找他聊天，才逐渐了解到他的反常行为其实并不是针对老师。原来，他的父母不久前离了婚，这给他带来了巨大的伤害。他觉得那个支离破碎的家已经不能给他想要的爱，于是就加入了一个“哥特”团体，这个团体以全黑打扮为标志，以此表达黑暗、痛苦与孤独。不少叛逆期的孩子都会加入这个团体，以此表达不满，寻找归属感。

班上还有一位亚裔男同学，原本也非常优秀，平时安静内向，一有时间就泡在图书馆学习。但有一天，他突然对我说，自己很不开心，因为他的父母离婚了。没过多久，他就和另一位也有着家庭问题的同学一起加入了帮派，开始行窃。在美国，到了冬天，有一定经济条件的老人喜欢去温暖的地方度假，等天气回暖了再搬回来，这种生活方式被戏称为“雪鸟”。我的这位同学和他的同伙频频向这类家庭下手，最终因盗窃罪锒铛入狱，被判处七年监禁。

我们选择朋友的过程，其实是在不断寻找归属感的过程，以满足我们对爱、安全感与自身价值的需求。至于选择后对自身产生何种影响，反而是我们较少考虑的，以致交到坏朋友也不自知。

第三个因素是化学反应。有时候，我们就是觉得一个人看着顺眼，或者和自己聊得来，有很多相似的经历，相处感觉很舒服。这个因素在和异性交往时体现得尤为明显，比如男生看到女生，突然就会产生一种怦然心动的感觉，特别想和她在一起，见不到的时候就日思夜想。为什么会这样呢？因为我们以前（尤其小时候）对朋友、伴侣有过想象，在我们的脑海里已经构思出一个理想的样子，其中可能包含了很多潜意识的细节，样貌、穿着、声音、肢体语言等等。当有所吻合的人出现时，化学反应就产生了。

第四种因素是执着。很多女孩都说："其实一开始我不是很喜欢他，觉得性格、爱好都不一样，但他真的非常执着，一直追我，总是在我身边出现，为我做事情，虽然一开始没什么化学反应，但久而久之，我也就喜欢上他了。"

仔细研究会发现，上述四种因素有一个共通之处——都是被动的。也就是说，我们的很多朋友都是通过被动方式获得的。从邻近度来说，选择靠近我们的人做朋友本身就是一种被动；从舒适度来说，看某个人很顺眼，尤其是异性，觉得和对方在一起很舒服、很开心，这也是一种被动；一开始不喜欢某个人，但被对方长时间的执着打动，这还是一种被动选择。就算是选团体，很多时候也是因为它们容易接受我们，或有熟人介绍。我们往往感觉不到这些，以为是自己主动的选择。

那么，被动选择会产生什么负面影响呢？

第一，局限。如果这些朋友的思维故事有比较大的局限性，那么其语言、行为、情绪就会影响我们。我们想成长，他们却待在舒适区里不愿意成长，可能就会拖住我们的步伐。一旦我们成长了，双方的差距就会拉大，他们的不足就会被暴露。可如果我们为了维持友谊和关系，自己也会停滞不前。

第二，反向。最糟糕的情况是，如果他们的思维故事是负面的，那我们不仅不能从他们那里获取帮助，实现自己的人生意义，达到人生目标，反而会起到相反的作用。

因此，我们要意识到，找到优秀同伴的关键，在于学会如何从被动转为主动。我们不能主动选择亲人，但我们可以通过爱与宽容主动达到自我的更完整，这样你就不需要从别人那里去寻求爱和归属感。同伴是完全可以自主选择的，只是很多时候大多数人没有抓住这个选择机会。抓住这个选择机会能给我们带来什么收获呢？那就是可以帮助自身快速提升，携手共同成长。

第 2 节　找同伴前要知己知彼

选择那些能够真正帮助我们成长的同伴，才能组成好的同伴团体。那到底应该如何找到同伴呢？有些人看星座，有些人凭感觉，有些人说随缘，这些方法都不科学。

首先，你得明白自己想成为什么样的人，认识到自己的具体需求和不足之处，以及想在哪些方面得到提升，比如勇气、耐心、好奇心等等。思考越清晰，需求越明确，越能分辨清楚自己的不足，越利于找到合适的同伴。

其次，深入了解对方，尤其是对方的思维故事。看人如同看花，绝大部分人只看到花朵光鲜亮丽的外表，但一朵花最核心的部分其实是它内在的基因，花开得美也是因为根茎在输送养分。人也是如此，有些人外在非常不错，穿戴都是名牌，车子、房子一应俱全，名片上印着很多头衔，但他身上并不一定有你想学的东西。

人的根在于抛却外在和附属品之后，其本身所拥有的素质，比如好的心态、好的性格、正向的思维、一项浸淫多年的高超技艺等，但这不是一眼能看得出来的。想要交到有益的朋友，必须深入了解对方，善于发现那些藏于外表之下的根本。

古希腊著名思想家亚里士多德曾经把友谊分成三个类型：实用型、愉悦型、美德型。

实用型友谊建立在获得交往收益的基础上。双方都有利益需求，在交往的过程中可以获得实际收益。这种友谊靠利益维系，甚至双方之间可能是相互厌憎的，一旦利益关系破裂，友谊也就不复存在。

愉悦型友谊是指以获得快乐为目的的友谊关系。快乐只是一种情绪信号，产生后就会消失。如果我们以追逐快乐为标准来选择朋友，往往会陷入一种怪圈，一开始急速升温，整天都想粘在一起，而随着时间推移，快乐的感觉慢慢降低或改变，这种关系也会降温，友谊自然容易解体。

美德型友谊因双方的德行得到彼此认可而建立，通过互相学习，双方可以去除各自的缺点，这是一种维持时间长久且完满无缺憾的友谊。核心价值观可以真实反映出一个人的内在，只要核心价值观没变，友谊就会持续。尽管这是最为理想化的情况，尽管这样的交往需要时间和磨合，但亚里士多德认为，这才是人类最真挚且最崇高的友谊。

任何一种类型的友谊对人来说都有存在的必要性，人毕竟是社会性动物，不能脱离群体生活，满足需求和获得快乐也是正常情况。但令人遗憾的是，绝大多数人对友谊的追求只停留在前两种类型上，没有意识到美德型友谊才能给予我们最大的帮助。

根据邻近度、归属感、化学反应与执着，我们往往会选择一些实用型和愉悦型的朋友，这种做法也许确实会让我们一时受益、感觉良好，但从根本上来说并不能帮助我们成长。我们应该把同伴定义为能让自己获得成长的人，成长就是指可以让自己的思维故事有更好的提升，融合他人思维故事中有价值的部分，帮助我们达到更完善的状态，帮助我们实现自己的人生意义，达成人生意义下设立的内在成功目标。

我们需要主动去找美德型的友谊和真正的同伴团体，一旦掌握主动并真正找到后，对方会在我们人生成长方面起到极其重要的作用，甚至可能就是我们的另一半，妻子或者丈夫。

第3节 怎样找到合适的同伴

前文提到，你要明确自己想成为什么样的人，才能更好地感知到哪些人与你合拍，能帮助你更好地达成人生意义。接下来，你要列出三个清单：第一，你需要什么样的同伴，希望这个同伴具备什么样的特质；第二，你不需要什么样的同伴；第三，你可以提供给对方什么样的价值。

第一个清单有时候你不一定能表达清楚，可以先从第二个清单入手，比如你不希望对方自私自利，只顾自己；不喜欢对方整天待在舒适区里面、不求上进和成长；不喜欢对方自以为是、听不进他人建议……

第二个清单明确之后，第一个清单就相对清晰了。比如你希望这个人具备成长的心态，不断想着怎么可以进步；比如你希望这个人喜欢分享，哪怕对方的行业和领域跟你完全不一样，但他的想法和思维都是你可以学习的；比如你希望他是可被信任的，做事踏踏实实、不弄虚作假……

在这点上，很多人都走进了一个误区，那就是想找一个已获得外在成功的、外表亮眼的人做朋友，那样就可以向他学习，跟随他一起成长。的确，这样的人可以成为你的朋友，但很可能只会成为你的实用型朋友。

《富爸爸穷爸爸》一书出版至今，累计卖出了两千多万本，作者罗伯特·清崎可谓是最成功的个人财富管理类书籍作者，拥有巨额财富，仅个人名下的公寓就有七千多套。

我们曾在邮轮上共度十天，他在船上演讲，讲到了这本成名作。其实，穷爸爸是他真正的爸爸，先后就读于斯坦福大学、芝加哥大学、西北大学，获得了博士学位，曾是夏威夷州政府教育部的官员，但在失去工作后一蹶不振。

早年这段经历对罗伯特·清崎的影响特别大，尽管现在他已经七十一岁了，这个年少时形成的思维故事却一如既往。他一直在讲，父亲是一个穷教书的。对他来说，穷不是一个经济状态，而是一种心理状态。穷代表这个人有恐惧，是弱势的。所以，他不愿意和穷人做朋友。反过来说，你也很容易看得出，他的安全感来自物质财富，这也是父亲的那段经历带来的影响。他的思维故事是“有钱就可以证明自己不弱，不需要害怕”。

在演讲过程中，听众们可以非常容易地感受到他的思维故事：他崇拜外在成功，特别直接，绝不浪费时间。虽然他在事业上很成功，但他也主动说到自己可能会和结婚三十多年的妻子离婚，他被踢出自己创办多年的公司，他的亲密顾问向他提出辞呈时指责他是个浑蛋，他也承认自己有很多内在缺陷。

就像双刃剑一样，帮助你达到现有成功的思维故事同样也会对你产生限制。对罗伯特·清崎来说，这些思维故事给了他很大的动力，让他成为一个非常富有的人，他的书也帮助了很多人。但这些思维故事也很容易触发他的负面情绪，让他直到七十一岁还活在自己的局限里，没办法达到人生真正的完整。

听完演讲后，我问他：“虽然你总是说从你的穷爸爸身上看到很多负面的东西，但你有没有学到什么好东西呢？”他说：“他被解雇之后就一蹶不振，我什么都没有学到。我只知道，穷就是一种精神上的软弱。”小时候的思维故事真的可以影响我们一辈子，外在特别成功的人也不例外。

所以，找那些外在成功的人做朋友，好吗？从实用角度来看，确实好，因为他们有着很多好的方式方法，能帮助我们达到外在成功的目标。但第三种朋友，也就是以德行为基础的美德型朋友，更可以帮我们成为自己想成为的那种人。

要结交美德型朋友，我们需要在三个方面主动出击：主动出现在他们身边，主动且不断地打造自己（成为他们想要的朋友），主动地为对方提供价值。

很多人会说，我也很想做到这些，但我不是很成功的人，也没有很多钱，怎么有机会去认识那些很成功的人，尤其是品德修行特别好的人呢？既然没机会见到他们，怎么谈得上和他们建立友谊？

畅销书《每周工作四小时》的作者蒂姆·费里斯曾在课上让学生写下几个最想认识的人，可以是一个国家的元首，一位著名的歌星，或者一位杰出的运动员。写完之后，他要求学生在接下来的一个学期里，至少要认识其中的一位。

一开始，大家都觉得这是不可能完成的任务，但打开思路后，每个人都至少认识了一个，甚至更多。那些世界上最具影响力的人，不管是总统还是歌星，不管是科学家还是艺术家，他们也希望自己的周围有更多有价值的人。如果问财富五百强的CEO，他们最缺的是什么？答案一定是人才。

1967年，哈佛大学心理学教授斯坦利·米尔格兰姆试图通过实验证明：只要通过五个中间人，就可以让两个互不相识的美国人建立联系，从而提出了“六度空间理论”的猜想。这个假设让我们认识到：即使是两个素昧平生的人，也一定可以通过某些方式产生联系，这就是我们应该去努力的方向。只要愿意去挖掘，人与人之间就一定存在实现连接的机会。

在中国历史上，如果提到“主动出击寻找同伴”，很多人都会想到刘备“三顾茅庐”邀请诸葛亮出山辅佐自己这一经典故事。刘备非常欣赏诸葛亮，觉得这是一个真正能帮助自己的人，于是主动出击，而且还出击了三次。

虽然贵为汉景帝之子中山靖王刘胜的后裔，但刘备一支早就家道衰微，自己也沦落到以卖草鞋为生。在去拜访诸葛亮之前，他的实际情况其实并不怎么样，常常打败仗，先后投靠过吕布、曹操、袁绍、刘表，每一次都待不长久。刘备三顾茅庐才见到诸葛亮，前两次诸葛亮或许真的不在，但也可能是一种测试，某种程度上还可能是在回避。

最终，刘备以自己的仁德感动了诸葛亮，他真的是一个想要“兴复汉室”，实现天下太平，让老百姓安居乐业的人。于是，诸葛亮为刘备分析了天下形势，提出先夺荆州，再取益州，与曹、孙成鼎足之势，继而图取中原的战略构想。两人充分信任的同伴关系在刘备白帝城托孤之时展现无遗，刘备当时表示，如果自己的儿子刘禅可以成为明君，那就请诸葛亮辅助他；如果刘禅不堪大用，诸葛亮完全可以废除刘禅，寻找其他人甚至自己继位称帝。面对如此大的信任，诸葛亮感激涕零，表示一定辅佐刘禅，鞠躬尽瘁，死而后已。刘备和诸葛亮之间的关系以忠义、仁爱这样的美德为纽带。所以，即使在刘备死后，依然经得起时间和外部的考验。

反观曹操，他有一句名言，“宁教我负天下人，休教天下人负我”，这个思维故事帮助他一次一次脱险，一次一次成功，但也使得他和别人的关系只能建立在利用上。

曹操得了头痛顽症，遍求良医都不见效。有人向曹操推荐了神医华佗。华佗认为曹操头痛是由中风引起，病根在脑袋中，不是煎服几剂汤药就能治好的，想去除病根，需要先饮“麻肺汤”，然后用利斧砍开脑袋，取出“风涎”。生性多疑的曹操以为华佗是要借机杀他，于是命令手下将华佗打进监牢，严加拷问，导致一代神医屈死在狱中，曹操自己最后也死于头风病。这样的故事在曹操的身上还有很多，导致他死后曹家被大臣司马懿家族夺取了政权。

在这个与同伴互相吸引和不断成长的过程中，有三件事情非常重要。

第一，要认真听对方的思维故事。很多人会把自己的思维故事挂在嘴上，只要认真听，你就可以深入认识和筛选对方。

有一次我和两位年轻人一起吃饭，他们是很要好的朋友，有一个人动不动就说：“黄老师，现在这个时代谁也看不懂，我觉得只要每天开开心心，能做点自己喜欢的事就可以了，也不用想太多。”他有点像自我催眠，不停地在自我暗示。他的好朋友会劝他：“不，我们应该做点事。不尝试，不失败，是做不出什么事的，我还是很想尝试一下。”

这两个人的思维故事完全不同，他们可能是关系比较好的实用型朋友、愉悦型朋友，但不会是长期的美德型朋友，而他们可能以为自己是对方真正的朋友。这样的感觉和想法太普遍了，每个人都觉得自己有一批铁哥们，但其实根本没有对所谓“真正的朋友”在思维故事层面进行认识和筛选。

第二，要观察对方不同状态下的反应。在同一个问题上，面对不同的人或在不同场合，每个人的反应可能都会有差异，所以要从一些不经意的细小举动进行观察。

我和很多人一样，都有过这样一个经历：某个人会在我面前评论别人很笨很傻，以居高临下的姿态评论他人，但转过来却对我说，我们两个人不一样，我们都很聪明。当时听着感觉的确很好，但几年之后有些疏远了，我就从其他人那里听到，他也用这种方式来评论我。

这种“两面三刀”的人很多，所以需要仔细观察，尤其是看他如何对待对他来说无关紧要的人，因为他这样下意识地对待别人，以后也能这么对你。很多时候你觉得你和这个人关系好，在同一件事上，他对别人的态度和对你的态度不同，因为你俩是朋友。但思维故事具有一致性，他现在没有这么对你，以后却完全有可能这么对你。

第三，建立美德型关系要从思维故事的脆弱点入手。

我们建立思维故事是为了保护自己，让自己更好地生存。你分享自己的思维故事，其实也是在分享你想保护的、脆弱的、不完整的一部分。当你把脆弱的一面展示在别人面前的时候，也就等于给别人发出了一个邀请，使对方也有机会把脆弱的一面展示给你。我们经常说朋友之间应该掏心掏肺，互诉衷肠，指的就是可以互相诉说真心话，把脆弱的那部分给别人分享，这样才会产生真正的互动。

古人有云：人生得一知己，夫复何求。当你感觉到有一个可能符合你对同伴要求的人，就该主动出击，接近他，联系他，跟他互动，用心听对方的思维故事，观察其不经意的动作，同时分享和展示自己的思维故事，建立真正的美德型关系。

我有一个表格，记录着我希望有或已经有的、居住在世界各地的美德型同伴，他们都是我很想认识或想维持关系、加深友谊的朋友。我每周都会专门空出一个小时，看一下这个表格，思考什么对他们是最重要的，想想我能给他们提供什么价值。例如他们之前和我说打算换工作，公司有新发展，孩子要升学，我都会问问结果怎么样了，真心慰问也是一种价值的付出。在这个时候，我也有机会和他们分享一下自己正在做什么。即使不能经常见面，但现在信息交流那么发达，我们完全有机会不断主动出击，跟对方建立以美德为基础的同伴关系，不断深入，互相鼓励，一起成长。

拥有美德型的朋友和人生同道的伙伴非常重要。因为我们在小时候会不自觉地受到父母潜移默化的影响，长大之后更多是与我们周围的朋友相处，他们的思维故事和行为举止直接影响我们。如果我们想达到自己的人生意义与目标，就需要找到一批与之相契合的朋友，帮助我们共同成长。拥有一批真正的同伴，改变的效果和人生的感受也会被相应地放大。跟同伴分享一件开心的事，我们会更开心；跟同伴分享一件伤心的事，意义会更深远。

在人生的路上，我们主动找到真正同伴，充实和改善自己后，还需要进行认真深入的独处思考，认识并提升自己的思维故事。这样才能更好地发挥同伴效应，更好地达到人生意义与目标，我们的人生才会有加倍式的体验。

第2部分

独处：做好自己的优秀同伴

第1节　成功者善于独处

在中国传统文化中，隐士的地位一直非常独特。三国时期的诸葛亮曾在隆中隐居了十年。在这段时间里，除了耕田劳作之外，他每天就是埋头苦读，学习天文、地理、兵法等各种知识。直到后来刘备三顾茅庐，诸葛亮才决定出山，最终成为一代名相。诸葛亮隐居的故事告诉我们：想达到人生意义和目标，独处是非常重要的方法。

可是在现代社会，要实现真正有意义的独处越来越难了。智能手机的普及给人们带来方便，也会使人的注意力越来越分散。人们每天独自拿着手机的时间越来越长。很多人害怕孤独，所以他们会看电视，玩游戏，沉迷于手机，想尽办法让自己感觉不到孤独。很多人在社交平台上有数百甚至上千位“好友”，每天也花费很多时间刷朋友圈，到处点赞和评论，但在现实中，真正的朋友、可以帮助自己成长的同伴却少得可怜。

成功者往往善于独处。美国作家及哲学家亨利·戴维·梭罗便是其中一位。

1845 年，年轻的亨利·戴维·梭罗来到距离家乡马萨诸塞州小城康科德不远的瓦尔登湖畔，亲手建造了一座木屋，开始长达两年多的隐居生活。他认为过度的物质消费和琐事会削弱人对精神方面的追求，因此选择离群索居，过起最为原始简单的生活，花费大量时间细致观察环境，体悟生活。后来，他把这段时间对环境的考察以及对生活的体悟写进书中，这便是著名的《瓦尔登湖》。

除了文学上的贡献，亨利·戴维·梭罗在政治上的观点也颇具影响。1849 年，他发表了政治随笔《论公民不服从的义务》（又名《消极抵抗》）。在文章中，他主张每个人都有良知，如果政府的统治和自己的良知产生了矛盾，那人民不应默许政府左右他们的意志，应予以反抗。但反抗并不是使用暴力，而是非暴力不合作。

亨利·戴维·梭罗隐居的时代正值第二次工业革命，随着社会生产力的高速提升，人类正进入一个物质空前丰盛的时代，追求财富和享乐主义成为主流。在这样的背景下，他的隐居也就更具时代意义。

到了二十世纪，他的著作影响了印度民族解放运动领导人“圣雄”甘地，后者终其一生都在推行“非暴力不合作”运动。亨利·戴维·梭罗和甘地的思想、行为又对马丁·路德·金及其领导的美国黑人民权运动产生了很大影响。

美国著名的比较神话学家约瑟夫·坎贝尔一生致力于神话原型和共性方面的研究，他也是一个善于独处的人。

约瑟夫·坎贝尔从小对印第安神话传说非常感兴趣，但当时没有任何一所大学设有神话专业。在学校看来，研究神话没有实际价值。

1928 年，二十四岁的约瑟夫·坎贝尔到胡士托独居。在五年时间里，他为自己制定了一套严格的作息表，除去睡觉，每天的时间均匀地分成四块，每块四个小时，而每块里都必须有三个小时用于阅读。

约瑟夫·坎贝尔每天早上八点准时起床，九点前完成生活方面的事情，然后开始阅读。中午他会休息一个小时，再继续阅读三个小时。到了傍晚，他可以选择再阅读三个小时，然后和朋友聚会，或者干脆休息一段时间，到晚上再继续学习三小时。无论选择哪种，每晚十二点都必须熄灯睡觉。

就这样，约瑟夫·坎贝尔坚持每天阅读九小时，五年下来已经积累了长达一万六千小时的阅读时间。1934 年，他结束隐居生活，进入莎拉·劳伦斯学院执教。虽然只有三十岁，但这五年特殊的隐居学习经历，使得他的思维逻辑和系统周密性迥异于他人，讲课内容与风格非常独特，深受学院和学生欢迎。最后，学院专门设立了一个研究神话的科系。

从亨利·戴维·梭罗和约瑟夫·坎贝尔的故事不难看出，独处并非是一种完全放空或休闲放松的状态，也不是物理空间意义上的单独存在，而是让大脑可以有足够时间和空间用于深度思考和学习，最终获得自我成长的一种方式。

第 2 节　如何最佳分配独处时间

想要真正完成一件大事，绝不可能一蹴而就，需要有一定的时间去思考和规划，并付诸实践，不断坚持和调整。

在美国，“chilling”这个词的使用频率非常高。比如，你问别人周末做了些什么，对方很可能会回答你“Just chilling！”意思是休息休息，看看电视，玩玩游戏，打发时间。显然，真正有益的独处并非如此。

很多人不愿意独处是因为害怕孤独。但事实上，独处与同伴相辅相成。当你获得了群体智慧之后，必须规划出一定的独处时间来思考，沉淀和吸收这些智慧。因而，探讨清楚在独处阶段应该如何规划时间，如何思考、学习，意义特别重大。

谈到时间管理，很多人的第一反应是，在企业中怎么帮助管理者做好时间管理。在企业管理者中，CEO 的时间管理又是重中之重。我们对 CEO 的定义通常是负责管理公司的老板。其实，CEO 的真正定义应该是自我管理。也就是说，不管在人生的哪个阶段，不管身为学生、职场新人、创业者亦或管理者，你始终是自己的 CEO。

为什么这么说？因为，无论贫富贵贱，每个人在时间面前都是平等的。真正的精英、那些不同领域的成功者往往非常善于规划和应用时间。美国管理学大师史蒂芬·柯维提出过一个著名的时间管理理论，也就是“四象限法则”，即把工作按重要和紧急程度划分成四个象限，分别是：

- 既紧急又重要的事
- 不紧急但重要的事
- 紧急但不重要的事
- 既不重要也不紧急的事

一般来说，绝大多数人都会把“既紧急又重要的事”放在最优先的位置尽快处理。而后三块事情的先后顺序则真正体现出了个体的差异性，也是成功者和其他人的分水岭之一。通常情况下，很多人会把“紧急但不重要的事”放在第二优先级。这很好理解，因为事情紧急，就算不重要也得尽快处理。

可在此之后，很多人会不自觉地把“不重要也不紧急的事”放在第三优先级。因为这一类事情往往容易操作，完成之后也容易有成就感。那些一拖再拖甚至很久都不会拿来付诸实施的，往往是“不紧急但重要的事。”

不妨仔细想想：健康重要吗？重要！紧急吗？很多人觉得不紧急，今天不健身，可以放到下周、下个月；人际关系重要吗？重要！紧急吗？很多人觉得不紧急，今天没时间和父母沟通，可以放到明天、下个月。

其实，“健康、情绪、思维、关系、事业、财富”这些真正的人生财富，都是不紧急但重要的事，很多时候被我们有意无意地忽视了。只有当它们变成既紧急又重要的事时，我们才会想着去处理，比如生病了，和最亲密的人的关系出现问题了，财富捉襟见肘了，职业生涯到瓶颈了，等等。

更好的象限等级排序方法，是将不紧急但重要的事排在第二位。对 CEO 来说，思考公司和自己未来的战略正是典型的第二优先级事件。因此，无论事务多么繁忙，必须规划出一定的时间用于独处思考。

有益的独处并不等同于放松和享乐。你必须给自己制定目标，按照计划完成那些不紧急但重要的事。成功者不会随意浪费时间，因为这对每个人来说都是最公平、最宝贵的财富。

传统的教育体系将每个人的学习规划得非常详尽，在哪个年龄段学习哪几门课程，选择哪一个专业，配备哪些老师，都有相应的规划和细致的指导。然而，大学毕业之后，这一切戛然而止，随后的人生旅途中，基本不会再有之前那样的机构或导师手把手地帮助你系统规划学习和未来的发展方向，一切必须靠自己。

我手机里有一个专门做时间管理的 APP，每个人都可以找到不少这样的 APP，在里面可以设置一些独处学习项目和时间任务。我将自己的独处时间分为 8 类：

- 创作：静下心写书和内容，需要持续不断地投入；
- 运动：规划运动健身的时间，每一天都得坚持；
- 阅读：花时间列出书单，我家里有纸质书，出门在外也带上一本看，手机里还有电子书；
- 平静：坚持做内观，更好地感受自己的触觉，当情绪来的时候可以更好地察觉；
- 总结：不管是看书、和别人沟通，或者产生了某种情绪，一经发现特别的东西，马上记录在手机里，及时总结，经常思考和改写；
- 联系：针对那些美德型的同伴，思考怎么主动出击，和他们保持联系；
- 课程：在想深入的领域给自己规划课程，不管是线上还是线下；
- 财富：每星期核查自己的消费、投资以及公司的财务。

在付诸实施的过程中，我们要记得确定大目标，比如寻找人生的意义，寻找自己的热爱，改善自己的思维故事，掌握对自己有价值的知识和技能，等等。我们也要设立阶段性目标，定期或不定期地考核自己，检视自己有哪些进步和不足。如果现实和目标产生差距，那就思考怎样缩小差距，达到预期。唯有这样不断精进的、高质量的独处，才能让我们获得真正的成长。

第3部分

迈向人生完整

第1节 善于提供价值

人们关于交往的思维故事通常是“你能给我提供什么价值”，在你跟他人建立真正的友谊前，先思考一下我能给别人提供什么价值。

比方我会在这份清单上列出：我对美国的了解，我对中国的认识，我周游这么多国家后对全球的观察，我对高科技、投资和终身学习等方面的认知和体会……我可以一口气写很多。每个人也都可以列出许多项目。

每个人真的可以提供很多价值给别人。“提供价值”远没有那么困难，最简单的价值就是信息，这在信息时代里是最有价值的。只不过，我们对价值的看法，往往简单停留在传统的金钱、人脉、商业机会这些比较功利和物质的层面而已。

每次演讲之后，总会有很多读者朋友过来问我要联系方式。有一次，一位年轻朋友对我说：“我读了你的书，很有收获，你书里有关某某方面的内容对我帮助很大。我花时间做了研究，也想和你分享一下或许能帮到你的东西。”当时会场有数百人，我对他的印象最深，后来还互留了联系方式。当他花时间学习了我的书，对其中的内容有了自己的思考，学有所得并且和我分享，这样的信息反馈就是提供高度的价值。

我自己也有一些知名导师和大咖朋友，他们比我更加成功，更加有名气，也非常忙碌。很多时候，我能提供的价值就是花时间去了解他们感兴趣的点，然后常常收集一些信息分享给他们，让他们认识到“原来这个人愿意跟我花时间互动，那我也不妨和他保持沟通”。

就算是一个还没有足够经济能力的学生，一个初出茅庐的“菜鸟”，也可以有各种不同的方法提供价值给别人。你的时间、想法、热情、钻研等都可以是一种选择。很多时候我们没有认真考虑过别人到底需要什么，也没有努力尝试，不主动试试，怎么知道这不是对方需要的价值呢？

在等级森严的古代社会，一个人的出身几乎决定了一生能达到的高度。出生在哪里，一辈子也就生活在哪里，朋友圈子基本就是亲戚和周围的邻居。而在现代，互联网和交通的发达拉近了地域间的距离，我们有了更多联系和结识别人的方式。无论线上还是线下，我们都可以主动去接触和了解，去结识那些适合成为同伴的人。

越来越多的人已经开始学会自主选择。你有哪些兴趣爱好，希望在哪些方面有成长，都可以找到相应的学校、研究机构、非营利组织，去深入学习，去认识里面各式各样的人，从而有更多机会找到美德型朋友。

和其他类型的朋友不同，美德型朋友给予我们的帮助不一定在物质或金钱方面，也未必会让我们感觉很开心，而是能帮我们更好地成为想成为的人。就算我们平时在工作上、业务上没有任何具体沟通，但是他们身上具有的特质依然可以带给我们很有价值的启发。

一个人的力量、时间与精力终究是有限的，没有人能真正地面面俱到。一个成功者的周围，一定有着一群可以和他互补、帮助他成长的同伴。尽早地和这样一群人建立深厚的美德型友谊，让他们围绕在你身边，无论是在事业还是在人生成长上，都能收获无可替代的重要帮助。

找到自己的同伴团体，并把他们聚集在自己身边，越早培养这样的能力，培养这样的思维故事，对我们的帮助就会越大。这是所有真正成功人士都在做的事，也是我们在这个时代必须要做的。

第2节 众人行久远

1943年12月20日，一名年轻的美国飞行员查理·布朗驾驶着B-17F轰炸机从英国起飞，前去德国不莱梅执行轰炸任务。后来，飞机被德军高炮击中，机组成员一人死亡，六人受伤，查理·布朗被迫独力驾驶伤痕累累的飞机返航。

当时的情况非常险恶，十二架德军战斗机在后面紧咬不放，查理·布朗的飞机随时都可能被击落。正在这时，一架德国BF109G型战斗机突然出现，出乎意料的是，这架飞机并没有给查理·布朗致命一击，而是和他并排飞行，并示意其降落地面。

在查理·布朗拒绝降落之后，这架德国飞机做出了一个惊人的举动，它紧贴着受了重伤的轰炸机，用自己的机体为其掩护，让其免受其他德国战斗机的攻击。双方就这样“互相搀扶”着，逐渐离开德国领空。到达安全地带之后，德国飞行员给查理·布朗敬了一个礼便离开了。查理·布朗驾驶飞机顺利返航，受伤的机组人员也幸运地活了下来。

第二次世界大战结束后，查理·布朗回到美国，有一个疑问始终萦绕在脑海：为什么这个德国人会放过我们？于是，他花费大量精力，寻找那个放他一马的德国人。直到 1990 年，他终于通过报纸广告，找到了德军中尉弗朗茨·斯蒂格勒，一个击落过二十多架敌机的飞行员。

弗朗茨·斯蒂格勒告诉他："我看到你们飞机情况很糟糕，机舱里全是伤员，你身上也在流血，所以我并没有开火，第一次示意是希望你在德国降落并投降。"查理·布朗追问："如果你当时开火，就可以为自己赢取一枚象征荣誉的骑士铁十字勋章了。"弗朗茨·斯蒂格勒回答道："我不打无力抵抗的敌人，我觉得自己这么做是正确的。"

在空战中，不射杀弃机跳伞的飞行员是国际通行的人道原则，因为飞行员跳伞意味着缴械投降，放弃了自己的武器——飞机。虽然查理·布朗当时没有弃机跳伞，但弗朗茨·斯蒂格勒已经发现他和其余机组人员完全丧失了战斗能力，于是之后有了闪耀着人道主义光辉的一幕——贴身保护，领航返程。

事件发生后相当长的一段时间里，除了自己的妻子，弗朗茨·斯蒂格勒从未和外人讲述过这个看上去“不可思议”的遭遇，因为这是在战场上放走敌人，如果以叛国罪论处，他将受到死刑的惩罚。无独有偶，查理·布朗告诉了自己的长官，但长官让他不要外传，因为这会影响军队士气，怎么可以把敌人的形象人性化呢？

虽然战场充满杀戮，但事实与美德都是无法抹杀的。弗朗茨·斯蒂格勒的这一举动感动了美国人，他的人道主义精神也赢得了全人类的尊重。按道理，查理·布朗侥幸逃生后也无须再去寻找旧人，但他竟然坚持搜寻了近半个世纪，这种执着的感恩实在令人敬佩。

相认之后，查理·布朗和弗朗茨·斯蒂格勒成了很好的朋友。2008 年，二人先后去世。他们是典型的美德型朋友，超越了利益，跨越了时空和国界，真正让自己成为更好的人，成为自己想成为的人。

每个人身边都可以有这样的朋友。我有一个朋友，他叫大卫，一位成长于旧金山的华裔，年轻时创立了自己的事业，之后把公司卖了，将所有精力投入到帮助华裔的事情上，包括华裔如何更好地认识自己，尤其在美国和世界上可以扮演什么样的积极角色。他的志向、精神和故事使我深受鼓舞，也一次次鼓励我追逐自己的人生意义。

我第一次认识大卫，是他在旧金山亚洲艺术博物馆担任理事的时候。当时，他邀请我参加他举办的一个活动。他说自己花了很多时间找到了黄齐耀先生，一位杰出的华裔艺术家，这次活动就是为了向其致敬。

黄齐耀先生可谓是好莱坞最长寿的中国艺术家。他 1910 年出生于广东台山，九岁随父亲移民美国。父亲从事非常艰辛的苦工，维持家人生计，特别希望黄齐耀可以好好读书，将来有一份稳定体面的工作。可黄齐耀在学校里最喜欢也最用心的事却是画画，他告诉父亲自己的热爱，但在那个年代，任何一个漂洋过海到美国的中国人都根本不会想到让自己的孩子去做艺术家。

黄齐耀的父亲问他："你是认真的吗？"听到黄齐耀肯定的回答后，父亲表示理解，然后拿出了所有积蓄，全力支持孩子去实现梦想。黄齐耀每次谈到自己最敬佩的人都会说是自己的父亲，他最感激的人也是父亲。

凭借父亲的支持和自身的艺术天分以及不懈的努力，黄齐耀考入了奥提斯美术学院并获得奖学金。从那时开始，他将中国传统写意绘画与西方具象绘画很好地结合在一起，开创出独特的画风。

1938 年，黄齐耀加入迪士尼，以其出色的中国水墨画功底和简约写意的独特风格，协助制作了著名动画片《小鹿班比》。很多人都被这部动画片打动，但在相当长的一段时间里，鲜少有人知道电影中那些富含情感、意境及精韵的画面，竟然出自一位华裔艺术家之手。

一直到九十岁高龄后，黄齐耀先生才渐渐受到越来越多机构组织的认可，获得了很多大奖，其中包括第三十三届安妮奖评审奖终身成就奖（动画领域最高荣誉之一）、洛杉矶市亚太文化传承月颁发的“洛杉矶希望奖”、旧金山政府颁发的杰出人物奖等。他的作品被陈列在迪士尼家族博物馆，而他本人也被封为迪士尼的“传奇人物”。

年轻时，黄齐耀结合了中国水墨画和西方油画，创作出一幅“中国式”耶稣画像，高两米多（八十英寸），后来这幅画失踪了。大卫花了很多年去找，终于在洛杉矶中国城的一个教堂储藏室里找到了，他把这幅画买了回来，在老艺术家一百零六岁生日时交还给他。

黄齐耀一直很低调，很长一段时间默默无名。大卫不仅自己出钱，还找朋友融资，专门为他拍了一个电影纪录片，描述他当年的奋斗史和杰出成绩，把这部电影分享给其他人，让所有人认识到华裔对美国影视界和艺术界做出的贡献。

我问大卫为什么要这么做，他说："美国人对华裔的印象还停留在一百多年前来美国修铁路做苦工的那个年代。其实，华裔对美国的贡献远远不止这些，在各个领域各个行业都有杰出的、特别的贡献，只是很多人还不知道。"他表示，自己的使命就是挖掘这些故事，让更多人知道，给现在的华裔树立更好的榜样，让他们更好地认识族裔的历史，也让整个美国社会更好地认识华裔群体。

又有一次聊天，大卫告诉我，清政府首任全权使节（中外交涉事务大臣）是一位美国人，这个人叫蒲安臣，是美国共和党创始人之一，还曾经当了六年国会众议员。退休后，林肯总统派他到清朝做驻华公使。结果，蒲安臣爱上了中国，跟清朝政府建立了良好的关系。他发现，中国真的很不熟悉美国和其他西方国家的外交政策及沟通方式，于是提出申请，并得到美国政府的同意，成为中国首任使节，帮助中国和美国谈了很多新的条约，也协助中国跟西方各国谈判。

现在，很多人都不知道蒲安臣的故事。大卫希望能让更多的中国人和美国人认识到，我们也可以像蒲安臣那样，成为中美之间的桥梁。每次和大卫交流，我都深受鼓舞，加深了对自己的人生意义的认识。我会主动找他沟通，即使只是喝杯咖啡，聊聊天。虽然在工作和生活等方面他帮不了我，我也不需要他帮我，但他的人生意义、精神美德、一言一行，都能给我启发和鼓励，推动我更好地前进。

本书一开始写到，我曾跟最好的朋友丹尼尔去加勒比的海岛度假。丹尼尔现在还是我最好的朋友，他是一位工程师，住在西雅图，有两个孩子。我和他见面的时间不多，一年能见上一次就已经很好了，但我们还是不断花时间互动，通电话，发短信，像兄弟一样。我最感激的就是，每当我骄傲自满的时候，他总会提醒我，让我想想还有哪些地方可以进步，而我也一样，帮助和启发他。

表面上，我们两个人的人生旅途不同，方向也不一样，但在交流的时候，我们彼此都有促进，都可以互相思考，在教育孩子方面，与爱人相处方面，在公司管理方面，我们都会鼓励对方看有哪些是可以进步的。我们也会思考怎么能够变得更好，修正自己，成为对方的模范。

从本书开头谈到的“使自己与父母的关系变得完整”，再到本书结尾探讨的“寻找人生同道的优秀伙伴”，这是一条完善自我、提升思维故事和整合人际关系的成功路径。在漫漫的人生征途上，拥有一群帮助我们不断成长的同伴团体，拥有能够独处的时间，不断反思和更新思维故事，我们会朝着自己的人生意义和目标不断前进，直至最终成功。

后记

一、致每天早上的你

在早晨，每个人都有过这样的经历：起床之后，迫不及待想要去面对新的一天，觉得特别有战斗力，特别有活力，很想去迎接所有的挑战。大学毕业后，我在英特尔公司做产品经理时，每天都迫不及待地想投入工作，这么年轻就可以负责那么大的项目，这种责任感始终让我特别兴奋、富有斗志。

但是，我们应该也有过另一种经历：早上特别不想起床，闹钟响了就按掉，再响就再按，按到最后，实在没办法了，才慢吞吞地从床上爬起来，身体感觉特别糟糕。一想到今天要处理的事情，更没有精神，千方百计找理由想逃回被窝，花了很大努力才终于走出家门。出门后的第一件事就是去买杯咖啡提神，但到了办公室还是无精打采，先看看邮件、微信，过了两三个小时，才稍稍进入状态，一整天觉得能应付就应付，想时间过得快点，好回家放松休息。

我问过自己，在演讲中也多次问过观众，在过去的日子里，自己有多少天是第一种状态？绝大多数人的回答是很少，似乎我们已经对第二种状态习以为常，觉得这就是人生。

其实，我们完全可以主动扭转自己的状态。一大早起床时，我们完全有能力去改变自己，以最好的心态面对每一天。“早晨程序”就是很好的方式。我自己设计了一套早晨程序，有一个三十分钟的快速版，还有一个四十五分钟的完整版。虽然不能说每一个早晨都可以有迫不及待的兴奋心态，但我可以说，在做过早晨程序的绝大多数日子里，我都有很大的动力、很饱满的正面情绪，去面对每一天的挑战。

大家可以关注我的微信公众号“黄征宇”（ID：Huang_Zheng_Yu）。我在公众号上会不断分享新内容。在这里，我也放一个小助理的二维码。添加之后，可以给他备注“早晨程序”四个字，小助理就会给你分享我的早晨程序的具体内容，完整练习的视频和信息。如果这个小助理的好友人数已达上限，请在微信公众号后台留言，你会得到新的指引。希望每一位读者可以通过借鉴我的早晨程序，设计自己的早晨程序，拥有充满活力的每一天。

我特别喜欢和读者互动，通过了解读者的问题，我学到了很多。所以，我也希望有机会通过小助理和广大读者建立长期的、互动的关系。同样，你也可以通过这本书和其他人建立良好的互动关系，给予他们价值。如果你觉得本书对自己有帮助，那么它对别人来说可能也有帮助。所以，请你想一想，可以推荐给身边哪三个人。不论身边的伴侣、亲密的朋友，还是公司的同事或者创业伙伴，只要你觉得这本书会对她或他的成长有帮助，现在就可以给对方发条信息，或者留言一段话。

另外，分享这本书给别人还有一个重要意义，那就是主动出击，塑造自己的同伴团体。当那些跟你有相同爱好、相同追求的人认识到你正在改善思维故事、完整自我、践行终身学习理念之后，一定会有所响应。于是，你们因此找到共同话题，建立共同语言，成为更好的同伴团体。

绝大多数人都希望自己能长命百岁，但事实却是过去的每一天都不会再回来，已经成为我们记忆中的一部分；明天和明天之后的每一天都还没发生，它们还是未来。我们到底活在何时？唯有当下，唯有今天。

想要活出一个精彩人生，必须活出精彩的每一天，让精彩的每一天累积起来，才能组成精彩的人生。每天早上一起来，我们就面临一个选择——今天愿不愿意、选不选择活出精彩的一天，活出精彩的人生？因为，明天到底能不能醒来，我们不能 100% 地保证，所以能做的、应该做的，就是活出最好的今天。这也就是早晨程序能帮我们做到的，让我们有机会、主动地改变早晨起来的心态。

让我们以最好的姿态投入这一天吧。

今天，活出最好！

二、致父母与孩子

下面要说的这个现象在中国比较常见，那就是父母和成年孩子之间的关系问题，尤其因他人的介入而引发的。

在男女感情问题上，父母和成年孩子的想法往往不一样。在我的很多演讲活动上，常常遇到一些家长过来请教亲子关系。有一位妈妈说：“您能不能帮帮我？我的儿子长得又帅，个子又高，人又聪明，但喜欢上一个女孩，年纪比他大，又不是很漂亮，学历也不高，但我儿子就是迷上她了。我们想尽办法阻止他们交往，但儿子一点都不理解，也不领情。现在我们和孩子的关系差得不得了，有没有什么办法能改变他？”

这种情况发展下去，有三种常见的结果：第一，孩子一意孤行，父母和孩子的关系弄得很僵，从此没有来往，形同陌路；第二，父母棒打鸳鸯，强势拆散一对恋人，孩子深受打击，从此一蹶不振，之后的感情路越走越差；第三，父母强行干预孩子的感情，孩子后来找了另一个人组成家庭，看起来幸福美满，可是你去问孩子，内心永远有挥之不去的隐隐伤痛。

每次遇到这种问题，我都会对家长说：“我能不能和孩子直接沟通一下？”之后，我会和孩子说以下两点。

第一，孩子需要感恩。就像第一章说到的，父母给我们的点点滴滴都值得我们感恩。成年之后，如果父母还干涉自己的生活，就非常容易激发我们负面的思维故事，这种干涉让我们觉得自己还是小孩，小时候被父母管这管那的种种记忆全都被勾起来，导致情绪化。这时，在父母面前，我们的情绪反应很容易返回到童年状态，那时候我们幼小无助，对抗父母只能靠哭、闹、发脾气、不理人，甚至用自暴自弃去威胁。

换句话说，正因小时候形成的思维故事还没有变，我们在成年后只要和父母一对抗，各种行为就很容易回到小时候的状态。所以，我们首先要认识到，必须快速跳出这种情绪，而最好的跳出方式就是感恩。父母的强势干预虽然让我们很不开心，但绝大多数父母都是为孩子好，希望孩子有更好的生活、更好的伴侣、更美满的婚姻。要记得他们给我们的点点滴滴，这些都值得感恩。

当我们开始感恩，就有机会听到父母真正想和我们分享的东西。或许他们分享的东西不适合我们，已经落伍了，尤其当我们处在情绪中时，更是什么都听不进去。可是，一旦冷静下来，我们还是可能听到一些对我们做长远决定很有帮助的建议。世界上很少人会那么直率坦诚地对待我们，我们应该感恩父母会和我们分享真心话。

第二，孩子需要拿回选择权。我会和他们说，你已经长大了，选择权已经在你手里。一旦你闹情绪，其实就是把选择权还给了父母。可能父母依然会把你当小孩，甚至和小时候一样，用命令的方式跟你沟通，用一些物质上的限制来强迫你。但成年人都有自己的选择权，尤其在现代社会，不管在法律、道德和文化上，父母都没有约束我们的权力，很多时候是我们不由自主地交出了选择权。

当父母指出我们与伴侣之间的问题时，常常会引出我们内心深处的恐惧或者缺陷。父母说：“你就是一个容易受骗的人，什么都不懂，你太善良了！”“你怎么不想一想，别人到底是爱你的人，还是爱你的钱？”这些话很容易激起我们内心深处不安全、不完整的点。

如果能用在本书学到的方式快速跳出情绪，我们就有机会变得更完整。只有感恩才会让选择权掌握在我们自己手上。不管父母用什么口气和方式命令我们，教训我们，要我们按照他们的方式做，我们还是可以用平静的心态去沟通和分享，耐心地听他们的意见，最后做出我们觉得对的选择。

当我们做出选择之后，可能父母最后会支持，可能很长一段时间还是不能理解，因为他们的思维故事是他们的父母帮助他们建立的，源于他们那个年代，出自他们的经验和感悟。但是我们要相信：只要把自己更完整的姿态展示给父母看，就是给他们最大的邀请，让他们有机会改变。

很多朋友曾经告诉我类似的故事：一个女孩和一个外地男孩谈恋爱，在他们所在的那个城市，有没有当地户口是很要紧的。女孩的父母在当地也有一些声望，他们觉得这个男孩不配自己的女儿，自己女儿既有身份，又有不错的家境，那个男孩只是农村来的乡下人。父母坚决反对他们继续交往，然后女儿就哭、吵、闹，甚至说要跳楼自杀，她觉得这是唯一能对抗父母的方式。

其实，我们完全有更好的方式。每个人都需要认识到，这样的事虽然很痛苦，却是我们和父母建立更完善的关系、更完整的自己的重要过程。仔细思考后，你会做出自己的决定，认为对方就是你想要的另一半，经过这件事能让自己更深刻地认定这一点，就像第六章所说，你找到了人生路上的真正同伴。你也可能会做出相反的一个决定，觉得父母说的也有道理，但在这种情况，你不会对父母抱有怨念，不会留下不可磨灭的伤痕与痛苦。

除了和孩子直接沟通，我也会和父母谈谈。中国父母有一个特点，他们对孩子的管教方式，小时候是一种模式，长大后还是同样模式。其实，父母应该认识到，家长并不想培养出一个巨婴，而是想把孩子培养为一个完整的成年人，可以做出自己觉得对的选择。家长也需要认识到，如果一直帮孩子做选择，孩子永远都不会成长。

父母能做的就是帮助孩子成为一个能做出对的选择的人。这样的人并不是不会犯错，犯错是不可避免的，任何人在成长过程中都会犯错。中国父母特别爱孩子，不希望孩子重蹈自己的覆辙，但犯错也是成长的机会，每一个人都是从犯错中吸取教训、快速成长起来的，包括父母自己。一个不会犯错的人是不会真正成长的。

父母需要培养孩子理性跳出情绪的能力，也要认识到自己有自己的思维故事和相应的情绪诱因（尤其是和孩子之间的）。孩子一旦顶撞两句，例如说“知道了，你别管我了，我已经是成年人了……”，父母可能就听不进去，开始有情绪了，觉得自己好心为你着想，你为什么听不进去。“你怎么总是这么笨！怎么总是在感情上吃亏！怎么总是被别人占便宜！”父母一说这些话，往往还不自知，觉得自己这么说这么做都为了孩子好，其实这只是一次次去触发孩子的情绪诱因，根本不是有效的沟通，孩子也不会真正了解父母的意愿。

只有避免这种情况后，父母才可以和孩子进行有效的沟通。父母应该认识到孩子的真正长大、真正完整才是我们想看到的结果。父母的目的不是永远保护孩子，而是让孩子自己展翅翱翔，理性地分享、沟通和互动，做自己觉得最好的选择。

说到最后，就算父母觉得他们为孩子找到了完美的伴侣，门当户对，郎才女貌，看起来一切都好，但也有很多类似的例子没多久就分手了，维持不了一辈子。人生的路总是要自己走的，感情上的决定还是应该由成年后的子女自己来做。

在这里，我没有谈到父母和第三方之间的关系，因为这两者一般都是陌生人，他们其实没有任何理由互相敌对。在一个好的环境下，完全有机会建立好的关系和互动，毕竟他们最爱的人是同一个人。所以，虽然这是一个三方关系的问题，但最重要的“解铃人”还是父母和孩子。

希望父母和孩子阅读本书，通过练习，可以真正拥有一个更完整的自己、一个更完整的家庭乃至一个更完整的社会关系。因为我们和父母的关系，直接影响到我们和其他人的关系、我们和我们孩子的关系。

三、致知易行难的你

我有一位非常好的朋友，他是美国人，外形高大帅气，经常被误认为是某个好莱坞明星。但他的饮食并不健康，喜欢吃快餐，喝可乐，体型也在逐渐变胖。从 2000 年起，每次相聚，我都试图说服他戒掉垃圾食品，回归健康饮食，并且适当运动，但一直没能成功。

事实上，他不是消极的人。相反，他积极、乐观、上进，看了很多励志的书，也渴望改变。但是，每当我和他谈到这个话题的时候，他总是说："我知道你说得很对，我也觉得精力没有以前好，体重也慢慢给身体带来了负担……"但接下来，他就给出一系列的理由，说明自己为什么不能改变，比如工作已经很忙，如果再抽时间锻炼，就会减少和太太相处的时间；等有了孩子之后，他又说不行，如果这么做就没有时间留给孩子了……这些话我听了很多年，每次他都想改变，但总会找到各式各样不做改变的理由。所以，到现在为止，他还是永远都很忙，永远没时间改变。

你会发现，自己身边总有这么一类人，渴望改变却永远跨不出第一步，他们给出的理由大致有这么几类：第一，在舒适区里缺乏动力，觉得现在的状态还算可以；第二，太忙了，没有时间；第三，身边的人可能觉得这种改变很另类，他们怕不被接受。这些理由看上去都很有道理，但如果要真正实现改变，我们就得把它们统统打破，以下三点是我的建议。

首先，利用情绪这个工具帮助自己走出舒适区。

思维故事给我们带来了现有的成功，但也有相应的缺陷，更重要的是随着时间的推移，思维故事已与我们自己深深融合在了一起。

改写思维故事，意味着要逼迫自己跳出舒适区，意味着要改变自我，很可能还会失去自我。毫无疑问，这些改变会让我们觉得很痛苦。

那是不是没办法了呢？并不是。阿基米德曾说："给我一根杠杆，我就能撬动整个地球！"想要跳出舒适区，想要有足够的动力，就需要找到改变自己的这根杠杆。杠杆是什么呢？就是你的情绪，它是推动思维故事的加速器，有情绪才会有动力。因此，当你想要做一件事情的时候，先要找到合适的情绪杠杆，把它放大再放大，以此推动自己走出舒适区。

很多人明明知道酗酒有害健康，却总是戒不掉酒瘾。而那些成功戒酒的人，恰恰是因为找到了合适的情绪杠杆。比如，一个已经身为人父的酒徒感觉人生有诸多不顺利，又去酗酒放纵，喝完酒回到家里对孩子发脾气。可能有一天，他无意中看到他的孩子也对别人大发雷霆，他身边的人都对他敬而远之。他认识到他再不戒酒，孩子长大之后会变得和他一样，成为一个脾气暴躁的人，一个没有人爱的人。

一想到孩子痛苦的脸庞和黯淡的未来，他的心可能会很痛，于是下定决心一定要戒酒。对他来说，孩子的痛苦就是一根杠杆，使他把坏情绪无限放大，产生极强的压力，也产生极强的动力。

同样道理，那些成功的创业者面对重重压力，依然有坚定的信念继续前行，很多时候是因为他们拥有对未来成功的憧憬，不断把获得成功后的正面情绪强化再强化，放大再放大。

其次，时间都是可以规划和争取的。

经常会有书友说："你说得很有道理，这本书我也看了，但是我平时很忙，根本抽不出时间，怎么办呢？"其实很多年前，我也有过同样的困惑，但后来发现，对绝大多数人来说，并不是时间不够用，而是不善于管理自己的时间，没有规划重点，投入到那些看起来不急但重要的事情上去。

完善思维故事、有效管理情绪、找到人生意义、建立同伴团体，这些都是不紧急但重要的事，而我们在这些上面花的时间往往是最少的。总是说自己没时间的人可以打开自己的手机看看，现在很多手机都可以查到各个 APP 的使用时长，你查完之后可能发现：号称很忙的自己看了一个小时抖音，聊了一个小时微信，逛了一个小时淘宝，追了一个小时网剧……稍微不留神，一天中就有好几个小时花在了那些不紧急也不重要的事情上。

时间管理方式很多，这里不加赘述。当你发现自己的时间利用不正确，就要把前后优先次序重新排列，减少用在不紧急也不重要的事情上的时间。当然，没人能做到把这部分的时间减少为零，谁都需要时间放松，但每天花半个小时去做不紧急但重要的事，谁都做得到。当你规划好之后，记得要留出时间与空间给自己独处，让自己可以做书里这么多的练习，只有把这些练习变成习惯，才会产生真正的改变。

再次，坚持自己的同时，也要找到能共同成长的同伴。

很多时候你改变不了，是因为周围的人也在舒适区，他们不想改变的同时可能还会拖累你。例如，你为什么吃得不健康，可能因为周围的人喜欢大鱼大肉，吃油炸食品，每次点菜或送礼都是如此。你也的确没办法强迫改变别人，所以在坚持自己的观点和做法的同时，也要观察和找到身边有哪些人拥有跟你相同的思维故事，可以和你一起共同成长。

改变不是一朝一夕的，你的舒适区可能比你想象的还要大，你旧的思维故事比你想象的还要顽固。尽管本书分析和探讨了很多，也提供了很多练习方法，但你可能看完就忘了，一忙就没时间练了。而且我保证，你还会有负面情绪，它不仅是坏情绪，也可能是好情绪，例如懒懒散散躺在沙发上，一边吃零食，一边玩游戏机，当时感觉很好，但既浪费了时间，也没帮助自己达到既定目标。

改变的过程中有些人会怕失去自我。我有一个好朋友，是一位很成功的 CEO，她产生负面情绪的原因是她设的期望值很高，往往达不到。在固有的思维故事里，我们把自己想的一切都认为是唯一正确的。不仅是她，很多成功的人都会觉得“我能成功就是因为对自己要求高”，很理直气壮。

当别人达不到她的期望值时，她就会很生气，对别人说一些难听的、刺耳的话，而且嗓门很大。事情过去之后，她自己心里也很不舒服，因为她知道，别人听了这些话后的感受肯定不好。她平时也不是会说这些话的那种人，她很随和，富有同情心，这样的强烈反差让她感觉不好。

一般人说到负面情绪，最常见的状况就是生气。生气的时候，身体会分泌出化学物质，推动你放大声音向别人吼叫，同时全身充满力量，手会情不自禁地指着别人，以求让别人屈服。看上去很强势，其实是无助的表现。小时候不会理性解决问题，才会生气。

用生气的方式解决问题存在很多弊病：第一，这会让别人很不舒服，可能对方嘴上不说，但内心会有想法；第二，情绪会带动情绪，你指着别人大吼，别人也会生气，大家一旦吵起来的话，问题不但不会解决，反而还会加剧。

于是，她逐渐认识到：这样的负面情绪对自己不好，也没有给同事和下属更多正能量，反而让他们很多时候不敢说出心里话，不敢做创新的事情。而且现实情况是很多人的确达不到她的期望值，别人有别人的原因，我们得接受不能改变的事实。如果每次这种不能控制的事（指别人没能达到她的期望值）发生都会引起自己的负面情绪，那多糟糕！

于是，她开始改写这个思维故事，变成“每当我或别人没有达到期望值时，我就有了一个机会，可以去了解和帮助自己或别人，更好地达到期望值”。她并不需要降低期望值，却可以拥有一个更完善的思维故事和更多的正面情绪。以前，这种事一发生，她就会很生气，但现在她会很好奇，会去想：“他为什么没做到，我有什么可以帮他？”“我为什么没做到，我怎么更好地进步？”为此，她花了很多时间和精力。之后，她和员工、朋友之间的关系改善了很多。别人都说：“她要求还是很高，但态度改了，我觉得我不怕她了，愿意跟她分享，因为她真心想帮助我。”

转变和提升思维故事之后，你会发现，还有更深的一层，如果不继续深入解决，很多负面情绪还是会再次出现。

讲回这位 CEO。有些时候，因为外部市场的原因，她达不到自己给董事会和员工的承诺，于是焦虑、郁闷。她有好几个类似的情绪诱因，后来发现这些思维故事来自她小的时候。那时，父母对她比较冷淡，所以她一直觉得不仅要做到父母对她的要求，还要做得更好，才能得到父母的爱，如果没有做到，父母就会对她很失望，她就会很难过。

当她认识到这一点，才意识到自己需要变得更完整。这些思维故事来自于小时候渴望别人对自己的认可，需要从自己和父母的关系入手。

最后她建立了一个新的思维故事："我会不断给自己设更高的期望值，因为它让我更好地实现了人生意义，帮助那些最需要帮助的人。"于是，她把人生的决定权从别人那里拿了回来，最深层的思维故事改变了，她变得更完整了。

当我们变得更完整之后，问题不会消失，各式各样的困难还会再次出现，但我们有了更好的方法和心态去面对，不再受坏唱片的影响，不再选择逃避或僵持，而是去勇敢面对，主动做出改变，充满好奇心，在人生意义这个主轴之下行动。在这种状态下，解决问题的可能性大了很多，世界上没有一件事能难到我们。

最后，我还想强调一点，英文中有句话叫"Learn to unlearn"，中文意思是“学会，然后忘却”。

金庸的著作《倚天屠龙记》中有这么一段情节，武当派掌门人张三丰向徒孙张无忌传授太极剑法，他一边教，一边问张无忌，书中的对话很有意思。

张三丰问张无忌：“记住了吗？”

张无忌回答：“全记得。”

张三丰再问：“现在呢？”

张无忌想了想说：“只记得一半。”

又过了一会儿，张三丰问他：“现在呢？”

张无忌终于想明白了，说道：“这次全忘了。”

张三丰微笑地说：“嗯，这就对了！”

为什么全忘记就对了？因为太极剑法的精华不在于招数，而在于剑意。领悟到个中奥义之后，招式是可以被忘却的。

终身学习其实也是一个不断“忘却”的过程。汲取新的知识，逐渐改变自己，直到最后，抛却旧的身份，获得焕然新生。这也就是为什么思维故事的改变对每个人来说如此重要！当你学习了一种新的思维方式，真正改进了思维故事之后，渐渐就会把旧有的思维故事抛却掉，忘记掉。这时，你的外观、口头表达、肢体语言、行动和认知，都会有颠覆性的变化，你的人生也就改变了。

你不再是往日的你，你成为今天的你，这种程度的改变只有改写思维故事才能实现。改写思维故事，才能改变人生，改变一切！

祝愿大家都有机会可以不断改善和提升自己的思维故事，获取更完整的、幸福的、成功的、有意义的、造福自己及他人的人生！

感 谢

2017 年 5 月，经过了四年策划和一年撰写，《征途美国：站在金字塔尖看美国》出版问世。过去的 30 年里，在斯坦福大学和哈佛大学，我见到了一大批美国最精英的家庭培养出来的孩子，知道他们如何成长和发展；在白宫，我和美国最高层领导人共事和互动，了解到整个美国政治的生态系统是如何运作的；在华尔街，我探访了 300 多位最优秀的投资精英，倾听他们对投资的意见和看法；在硅谷，我访问过接近 200 位创业成功人士，和他们聊创业过程中的起伏和经验。我把以上这些所见所得都写进了这本书中，想告诉大家：那些不同领域的成功者们，他们具备了哪些特质，拥有了哪些和常人不同的思维，以及他们成功的秘诀到底是什么。

2018 年 5 月，我的第二本书《终身学习：哈佛毕业后的六堂课》正式和读者朋友们见面。在健康、情感、思维、关系、职业、财富这六个方面，有很多问题在斯坦福大学和哈佛商学院都没有相应的课程和老师进行解答，所以我自己规划了一门“人生 MBA”，也成为这本书的内容及策划的起源。在 2013 年，我休息了整整 1 年，花费了 50 万美元，走了 10 万公里路，找到了 20 多位世界级大师和专家，探讨如何在生活和工作中，不断地、全方面地在这六个方面成长和进步。我把这些方式方法坚持应用在繁忙的每一天，直至今日还在继续实践，实现了蜕变性的改变。

得益于这两本书的出版，在这几年时间里，我走访了国内 40 多个城市，做了数百场演讲，也有幸接触到了上百万读者，得到了他们大量的反馈。在这个过程中，我真切地感受到，很多人对于自我提升、思维突破和情绪改善有着非常强烈的需求。我更深刻地体会到，人与人之间最大的差异在于我们各自拥有不同的“思维故事”。

如果说，《征途美国：站在金字塔尖看美国》是对国际精英的案例、特质进行深入分析和对比研究，《终身学习：哈佛毕业后的六堂课》是对终身学习及全面成长的起始记录和整合总结，那现在你翻阅的这本书就是把上述所学到的知识理论融入自身实践所形成的、我自己原创的一套“方法论”，也是我对“思维故事”这个概念进行拓展和深入思考之后产生的一个结晶。

这本书的诞生过程本身就像一个“思维故事”的完善过程，它今天能够以完整状态呈现在读者面前，这个过程可谓漫长而艰辛：从策划立意，初稿撰写，反复修改，最终定稿，顺利出版，再到宣传推广，其中凝结着每一位参与伙伴的汗水和努力，也得益于身边朋友的大力帮忙。众人拾柴火焰高，正是因为有大家的鼎力相助，我才能顺利地出版了自己的第三本书。

在此，我要向那些关心、帮助和支持我的人及机构，表达诚挚的谢意！用书中的话来说，就是感恩！

首先，我要感谢我亲爱的妈妈，她将我抚育成人，为我奉献了自己的一切。同时，我也感谢大姨和四姨，她们给了我无微不至的关怀和照顾。

其次，我也要特别感谢彭嘉荣 Benny。Benny 是宇沃资本上海的 CEO，他工作非常繁忙，平时需要负责公司事务的方方面面，但这次一如既往地付出大量时间，深入参与到本书的创作过程中。对 Benny 的投入与付出，我表示由衷的感谢。

接下来，我要感谢的是孙莉 Christine。从最初的内容策划开始，到一次次的对架构的探讨交流以及对内容的调整和改进，Christine 总是能忠实地记录下每一段讨论，并且提出具有建设性的意见，给了我很多启发，使得我能更清晰地表达出自己的想法，把书打磨得更好。对她的投入和帮助，我也表示衷心感谢！

同时，我也感谢整个宇沃资本团队，尤其是陆严豪 Franz。正是有了每一位的付出和协助，这本书才能以现在的姿态呈现在每一位读者面前！

我还要特别感谢姜海涛，他是我在中国出版界认识的第一位朋友，有着极其丰富的出版经验。也正因为海涛的倾力相助，才使得我能顺利地迈入文字出版的大门，并且少走很多弯路。

这次非常感谢中国大百科全书出版社社长刘国辉、党委书记刘晓东、社长助理兼市场营销部主任陈义望、总编室主任胡春玲、“百科・万象”工作室负责人陈光、本书策划编辑刘嘉等。他们不仅拥有深厚的从业经验，把握住整个出版流程的大局和关键；也在策划定位、内容编辑、发行推广上给了我许多好建议；更重要的是每一个人都拥有细致认真、严谨负责、精益求精的工作态度，这令我印象尤其深刻。

这三年我连续出版了三本书。在此期间，我既结识了很多新朋友，也和很多老朋友有更深入的互动。大家对我的关心和指点让我非常感动，在此一并致谢：樊登读书创始人樊登、罗斯福中国投资基金总裁谢丞东、清华大学经济管理学院营销学博士生导师郑毓煌教授、营创学院首席执行官苏丹、拙见创始人兼总策划田延友、嘉御基金创始人兼董事长卫哲、胡润百富榜创始人胡润（Rupert Hoogewerf）、胡润百富总裁兼集团出版人吕能幸、彭成集团董事长彭伟宏、湖南中烟工业有限责任公司总经理卢平、启德教育集团首席执行官黄娴、启德教育留学事业部副总裁郭蓓、启德教育留学事业部副总裁金冉、Tutor Group 集团创始人及首席执行官杨正大博士、中国下一代教育基金会副理事长沈建国、上海东方电台著名主持人及首届全国金话筒奖得主方舟、中央电视台栏目主编阴丽萍、中国国际电视台著名主持人田薇、凤凰卫视《一虎一席谈》制片人任永力、凤凰卫视著名主持人胡一虎、上海唯众传媒股份有限公司 CEO 杨晖、东渡企业管理公司执行总裁姜大伟、基强联行董事局主席陈基强、上海倦鸟思林品牌管理有限公司董事长高峰、简书版权中心副总裁刘庆余、钟书阁副总经理贾晓净……要感谢的人还有很多，但是篇幅有限，不能一一列出，请大家见谅。

我想告诉每一位看完这本书的读者，当你合上它的时候，那只是我们人生征途的又一个起点。在不断学习成长、不断完整自身的过程中，我非常希望能够和所有读者建立长期的互动与沟通，如果你有读完书后的所想所得，以及想要咨询的问题，都可以与我分享。

欢迎想携手一起终身学习的朋友加入进来！找到我的途径有很多：添加小助理的微信（ID：Huangzhengyu_EGC），关注微信号“黄征宇”（Huang_Zheng_Yu）、微博（ID：黄征宇 _Z）、抖音号（994760579），

再次感谢你的阅读，希望我们每个人都能在改善自己“思维故事”的过程中有所收获，达到真正的内在成长与自我突破，期待与你的联系。

微信公众号　　微信小助理